前沿科技
关键技术研究

"十四五"国家重点出版物出版规划重大工程

狭义相对论
及Lorentz对称性检验

肖智　著

中国科学技术大学出版社

内 容 简 介

本书是国家自然科学基金研究成果。主要探讨了限于量子电动力学的 Lorentz 对称性破缺效应。首先基于时空对称性、惯性参考系的平权性及时序因果性等要求给出了狭义相对论的 Lorentz 变换，并介绍了诸如 Bell 飞船佯谬、Thomas 进动、Sagnac 效应等一般教科书较少提及的相对论效应。对于 Poincaré 群代数及和 Lorentz 对称性密切相关的 CPT 对称性也有所提及。本书重点介绍了检验 Lorentz 对称性上应用最为广泛的标准模型扩展：一类允许 Lorentz 对称性破缺，但同时满足电弱规范对称性、微观因果性等一般性原理的有效场论框架，并对诸如极高能宇宙线、γ 射线等相关现象学方面的 Lorentz 对称性检验给出了较为细致的介绍。

本书适合理论物理专业高年级本科生及研究生阅读。

图书在版编目(CIP)数据

狭义相对论及 Lorentz 对称性检验/肖智著. —合肥：中国科学技术大学出版社，2022.6

(前沿科技关键技术研究丛书)

“十四五”国家重点出版物出版规划重大工程

ISBN 978-7-312-05375-7

Ⅰ. 狭…　Ⅱ. 肖…　Ⅲ. 洛伦兹变换—研究　Ⅳ. O156

中国版本图书馆 CIP 数据核字(2022)第 028156 号

狭义相对论及 Lorentz 对称性检验

XIAYI XIANGDUILUN JI LORENTZ DUICHENXING JIANYAN

出版　中国科学技术大学出版社
安徽省合肥市金寨路 96 号，230026
http://press.ustc.edu.cn
https://zgkxjsdxcbs.tmall.com

印刷　合肥华苑印刷包装有限公司

发行　中国科学技术大学出版社

开本　787 mm×1092 mm　1/16

印张　9

插页　3

字数　168 千

版次　2022 年 6 月第 1 版

印次　2022 年 6 月第 1 次印刷

定价　56.00 元

序　言

对称性是20世纪物理学的主旋律，恐怕仍然会是21世纪物理学的主旋律。因为对称性，物理学变得更加简单统一；因为对称性破缺，物理学虽然简洁但并不单调，并呈现出层次分明的物理规律。对称性给出了对守恒量更深刻的理解：物理规律不依赖于时空点的选取意味着能动量守恒，不依赖于特定取向意味着角动量守恒，存在一个整体相位的任意自由度（相当于一个单位圆的对称性）意味着电荷守恒。当然，对称性也可以给出动力学，对应的则是主导各种基本相互作用的规范场。Glashow、Weinberg、Salam等人在规范对称性的基础上建立了粒子物理的标准模型，而标准模型具有全局的Lorentz和CPT对称性。就连引力本身——广义相对论也是建立在局域Lorentz对称性和微分同胚不变性的基础之上的。

另外，自然之美也来自于不对称。1956年，弱作用中的P宇称破缺的发现揭开了“上帝是个左撇子”的事实；1964年及本世纪初，K介子及B介子中CP对称性破缺的发现则为我们深入了解宇宙的不对称之美平添了几分令人回味的神秘。若没有CP破缺，或许这个物质为主的宇宙根本就不存在；然而已知的CP破缺来源似乎又不足以产生目前观测到的物质-反物质间的不对称性。我们已然知道CPT对称性与时空的基本对称性——Lorentz对称性密切相关。是否CPT对称性乃至Lorentz对称性都并非完美无缺？实际上，以对称性破缺为渊薮，诸多量子引力理论都预言微弱的Lorentz对称性破缺（LSV）或许是量子引力独特的低能信号。因而Lorentz对称性破缺的理论及实验检验在最近20多年来受到了学界广泛的关注与深入的研究。

作为同行又是校友，我非常高兴看到肖智老师的书稿——关于狭义相对论及 Lorentz 对称性检验的简介。这是该领域为数不多的中文专业著作，十分有助于推介普及该领域，以期得到更多的学者了解。虽然本书局限于讨论平直时空中的 Lorentz 对称性破缺，但无论是对 Lorentz 破缺理论的重要概念，还是理论架构，该书都做了详尽的探讨，并结合 γ 暴、极高能宇宙线等实例给出了细致的理论分析。这些或可为有志于此的青年学者们管窥这样一个前沿领域提供参考。

当然，作为现象学，该方向需要更多的实验支撑，希望本书能在精密实验方面的专家中泛起微澜，使更多该方向的专家学者们了解检验 Lorentz 对称性的这一有效场论框架，甚或进一步抛砖引玉，让更新更好的想法在实验上成为可能，如此我想作者的愿望即已达到。

邵成刚

2021 年 4 月

于喻家山引力中心

前　　言

狭义相对论是跨越牛顿绝对时空观的伟大成就，是 Einstein 奇迹年[①]最具创造性的工作。狭义相对论一般认为是建立在真空光速不变的基础之上的，然而其核心实际上是真空的对称性——Lorentz 对称性，或者更确切地说是平直时空的对称性。Lorentz 对称性或更一般的 Poincaré 对称性反映了时空的均匀性和各向同性。该对称性群比反映牛顿时空对称性的 Galilean 群在数学结构上更简单。不同于 Poincaré 群，Galilean 群的群表示是射影表示，差一个由质量算符带来的相因子。虽然从数学上讲，Poincaré 群更简洁，当然对称性也更高，然而却与低速宏观物理的直觉相悖。这或许是为何人们最先发现的是 Galilean 群对应的牛顿时空的原因。

而对弯曲时空，广义相对论取代了牛顿引力。而定域的 Lorentz 对称性（即流形切空间上的对称性）和微分同胚不变性则构成了广义相对论的基本对称性。广义相对论取得了辉煌的成功，被无数的实验所证实。然而半个多世纪以来，人们试图统一广义相对论和量子力学的努力却始终未能成功。或许从对称性上也能初见端倪：一方面，Lorentz 群并非紧李群，在经典意义上似乎只要不断加速粒子，随着粒子速度无限接近光速，其能量 γm 并无上限；另一方面，微观粒子遵从的不确定原理与黑洞视界则要求存在一个最大能量——Planck 能量。事实上，即使是在纯粹粒子领域，粒子

① Einstein 奇迹年是指 1905 年，Einstein 尚在瑞士专利局工作的时候就发表了 5 篇在物理学史上具有划时代意义的重要论文，其中 2 篇涉及狭义相对论，其他 3 篇则讨论了布朗运动和光电效应，具体可参见约翰·施塔赫尔的《爱因斯坦奇迹年》，或 https://ed.ted.com/lessons/einstein-s-miracle-year-larry-lagerstrom。

物理的标准模型也未能完美解释诸如中微子振荡等现象[①]，更不用说与引力相关的暗物质、暗能量。基于统一场论的理想，人们自然期望某个大统一理论，或许即量子引力理论能够解释以上未决的观测事实，诠释诸如时空奇点、虫洞在内的理论诘难。然而，一则缺少类似相对性原理、等效原理一样深刻而又有构建能力的基本原理作为引领（AdS/CFT 乃至全息原理也许内涵深刻，然而迄今为止，尚未看到由之引出具有很强预言能力的理论迹象）；二则实验信号十分匮乏，量子引力的自然能标——Planck 能标高出实验加速器十多个数量级，利用对撞机直接发现量子引力新物理信号的可能微乎其微。

山重水复之际，人们意识到在低能条件下或许仍然存留着量子引力新物理的雪泥鸿爪。这样的唯象推断包括离散时空、广义不确定原理（GUP）、大额外维以及 Lorentz 和 CPT 对称性破缺等。本书关注于 Lorentz 对称性破缺（LSV）。虽然 Lorentz 和 CPT 对称性早已被无数的实验以极高的精度反复验证，然而并没有什么基本的原理禁止其破缺。倘若 LSV 果真是量子引力的低能遗迹的话，这样的“纤毫之末”很可能就如 Lamb 位移一样，只有在极高的精度上才能被观测到。考虑到已有的 Lorentz 对称性检验的有限性，而 LSV 也许正如宇称破缺目前仅被发现于弱相互作用一样，也仅仅在特定的粒子反应及特定能域中留有残迹，那么试图去覆盖不同的粒子反应及不同的能域来寻找 LSV 就变得殊为不易。正因为如此，自 1997 年起，人们逐渐建立起涵盖整个粒子物理标准模型及广义相对论的研究 Lorentz 破缺的有效场论框架——标准模型扩展（Standard-Model Extension）。这期间，该领域相关的理论、实验文章如雨后春笋一般层出不穷。

本人于博士期间接触该领域，在马伯强老师的鼓励下在该领域工作，尔后又于工作后争取到印第安纳大学学习的机会，跟随该领域的领袖人物 A. Kostelecký进一步深入地耕耘。在此非常感谢 Kostelecký教授的无私帮助，跟随其学习和与其讨论都让我受益匪浅。自然，也非常感谢授业恩师马伯强教授一直以来的大力支持和帮助，否则我未必会真正步入该领域。另外，也要感谢陈斌教授，他在本人博士期间的无私帮助及工作后的

---

① 最近的很可能超出标准模型的新物理信号来自于缪子（μ 子）的反常磁矩（$g_\mu-2$）的测量，实验发现其偏离标准模型的理论计算的置信度已经达到 4.2σ，这意味着缪子反常磁矩对应的可能的轻子普适性的破缺很可能意味着超出粒子物理标准模型的新物理。

只言片语也给予了我极大的鼓舞。能有这些老师的帮助对我来说确实是三生有幸。当然,也要感谢黄超光、薛迅、邵成刚、尤力、王斌、张春熹、刘玉孝、宋凝芳、赵悦、潘雄、钟渊、于江浩、邵立晶、刘天博、李楠、武柏峰、丁云华、徐睿、曾定方、郭俊起及刘啸等诸位老师,和他们的交流讨论让我受益匪浅。感谢中国科学技术大学出版社的领导和编辑们的鼎力相助。

当然,最需要感谢的是我的父母!无论在我遇到何种困难、遭遇何种挫折的时候,他们总是无条件的给予我莫大的安慰和鼓励,谢谢你们!

最后,我要感谢我的同事曹李刚、黄海、刘纪彩、张振华、张昭等诸位老师的大力支持和帮助,特别是要感谢曹李刚老师,在我科研工作最需要经费的时候给予我无私的帮助,并且也让我看到一个优秀的科研工作者是如何在繁重的教学之余不忘初心、始终不渝地专注于科研的。也要感谢黄海老师的提议和支持,让我能够一心一意地写完这个简短而或许仍显拙劣的科研总结。另外,我还要特别感谢孙帅、郑爽、李青玲认真阅读我的稿件,并对格式校对,对部分内容提出宝贵的意见。当然,由于本人的学术水平有限,书中不足之处在所难免,敬请专家、读者不吝指正①。

肖　智

2021 年 1 月

于北京通州家中

① 本人常用邮箱:blueseacat@126.com,对各位专家、读者的不吝赐教,本人不胜感激。

目　　录

第 1 章　引　　言

时空的本性是什么？这是任何一个有好奇心的人都会对我们的存在提出的问题。什么是空间，什么是时间，为什么我们、我们的宇宙会存在至今？即使伟大如 Newton，也只能先验假设一个与物质运动无关的绝对时空存在。而 A. Einstein 的相对论首次从原则上可定义、可操作的物理的钟、尺的运动出发回答了时空的本性问题。狭义相对论基于真空中光速与运动无关的基本观测事实（Maxwell 经典电动力学中真空光速 $c = 1/\sqrt{\varepsilon_0 \mu_0}$ 为常数，ε_0、μ_0 分别为真空介电常数和真空磁导率）将真空中光速不变提升为基本的理论假设，然后以可操作的定义给出钟、尺对各个时空点的测量，并校准和同步不同时空点处的时钟，进而将 Galileo 的相对性原理（对应的惯性系变换为 Galileo 变换）推广为狭义相对性原理（对应的惯性系变换为 Lorentz 变换）。同样基于早已为 Newton 所知的惯性质量与引力质量相等这一实验事实及狭义相对论，Einstein 进一步将弱等效原理提升为 Einstein 等效原理，进而揭示出时空曲率与物质的能动量张量间深刻的动力学联系，即广义相对论的场方程。

“*夫天地者，万物之逆旅也；光阴者，百代之过客也*”。狭义相对论和广义相对论对牛顿绝对时空观及瞬时相互作用的扬弃必然深刻地影响以时空为背景的物质的运动。20 世纪 20 年代以来，科学家们对原子光谱、固体比热、光电效应等物质属性的量子描述获得了巨大的成功，一个自然而然的想法是如何在量子力学框架中引入狭义相对性原理从而描述微观粒子（比如电子）的高速运动。经过 Dirac、Pauli、Feynman、Schwinger、Dyson 等众多物理学家的不断努力，量子力学和狭义相对论的成功融合诞生出量子场论，并在 Yang-Mills 的规范场论框架下由 Weinberg、Glashow、Gross 等人建立起一个描述电磁作用、弱作用和强作用的粒子物理标准模型。迄今为止，标准模型相当成功。2012 年，欧洲核子中心（CERN）的 CMS 和 ATLAS 探测器相继探测到静质量大约 125 GeV 的 Higgs 粒子[1-2]，基本上可以认为找到了标准模型最后一块也是最重要的一块拼图。至此，人们发现了物质的基本组分：三代费米子（轻子、夸克），相互作用媒介（传递电磁作用的光子，传递弱作用的 W、Z 玻色子，传递强作用的胶子），以及赋予基本粒子和 W、Z 玻色子质量的 Higgs 粒子。这个理论在电弱能标 $v = 2m_W/g = 247\ \text{GeV}$以下，光子质量下限 $10^{-18}\ \text{eV}$[3] 以上都很成功，通过了无数实验的检验（粒子对撞机、核反应乃至当前生活中不可或缺的 5G 无线网络等都无时无刻不在验证标准模型的成功）。另外，引力仍然由 Einstein 的广义相对论这一辉煌的经典理论所成功描述，例如 GPS 须臾不变的验证着广义相对论的成功，而该理论对时空具有动力学最具戏剧性的预言——引力波则于 2015 年 9 月 14 日由 LIGO 引力波观测仪成功探测到[4]。然而 Einstein 场方程 $R_{\mu\nu} = 8\pi\frac{G_N}{c^4}\left[T_{\mu\nu} - \frac{1}{2}g_{\mu\nu}T\right]$的一边是时空曲率 $R_{\mu\nu}$，另一边则是物质场的能动量张量 $T^{\mu\nu}$的函数，但作为时空度规 $g_{\mu\nu}$的源的物质场 $T^{\mu\nu}$ 本身却是量子化的。很难理解引力场方程的左边——由量子场论描述的物质产生的是一个完全经典的引力场。特别是作为源的（量子化）物质的能动量张量，真空本身亦对其有重要贡献。事实上，真空本身也可产生不同于 Minkowski 时空的常曲率时空；而真空能则被视为暗能量的重要候选者。另外，Hawking 蒸发、黑洞热力学等更是明确指出标志极端引力的致密天体——黑洞有着巨量的但却可由视界表面表征的内部自由度。这些都意味着引力（或时空）即使没有遵从正统的量子化，也必然存在某种（很可能是量子化的）微观自由度，从而衍生出我们所知的时空。虽然相比于其他三种相互作用，普通物质辐射的引力波极其微弱，然而引力波乃至强引力场本身是否遵从量子力学对量子力学的适用范围及完备性而言具有原则上可观测的重要意义[5]，因而量子引力本身并非是和实验观测近乎无关的纯理论问题。

从理论的普适性来看，广义相对论在十分宽广的尺度（$10^{-5} \sim 10^{21}$ m，即亚毫米到 100 kpc①）及跨越极大的质量范围（$10^{-3}\,\text{g} \sim 6.5\times10^{+9}\,M_{\odot}$②——黑洞的标度不变性）都十分成功。同样量子力学也在小到 $0.01\ \text{fm} = 10^{-17}$ m，大到大分子（25000 a.u. 功能化低聚卟啉，大约 4.1 nm，$10^{-9} \sim 10^{-8}$ m）[6] 的范围内都相当成功。特别是量子电动力学（QED）实验以极高的精度验证了量子力学的正确性。目前为止，量子电动力学对于 4 圈计算产生的电子的反常磁矩与实验观测完全吻合[7]，公式如下：

---

① $1\ \text{kpc} = 3.26\times10^3$ 光年。

② $M_{\odot} = 1.988\times10^{30}$ kg，标记一个太阳质量。

$$a_e = \frac{g-2}{2} = 1\,159\,652\,181.606(11)(12)(229) \times 10^{-12} \tag{1.1}$$

5圈计算的结果产生的偏差(最大的偏差)已然可归结于由 Cs 原子反常实验测量的精细结构常数本身引起,并可反之给出对精细结构常数 $\alpha = \frac{e^2}{4\pi\varepsilon_0 \hbar c} \approx \frac{1}{137}$ 到小数点后6位完全符合实验的极好估计(注:其中较小的两类偏差分别来源于 QED 和强子修正)。显然,在各自的领域,无论是广义相对论还是量子力学都获得了极大的成功,并且其适用范围的扩大也在不断刷新人类认识的边界。然而如果考虑的是拥有极大密度的微观物质,而不是宏观物体,并假定 Einstein 场方程在微观尺度(比如大约 10^{-9} m)仍然成立,那么由于微观粒子服从量子力学的测不准原理,很难想象其产生的引力场仍然可由经典的赝 Riemann 几何描述。这自然导致人们试图量子化引力的尝试。然而,极度刚性的时空引力场却极难驯服于量子化的程序。试图将 Einstein 的引力理论统一于量子力学框架内的所有尝试70多年来均未获得成功,虽然也不能说一无所获①。

那么,是否有可能我们的基本理论存在缺陷?譬如量子力学并未如我们所认为的那样,是一个终极框架。或者我们尚未真正理解 Einstein 诘难量子论的深意,是否广义相对论与量子论的冲突蕴含着意义更为深远而我们尚未意识到的基本原理?显然,如果量子力学不是如通常理解的那样,尤其是其关于测量的假设及 Copenhagen 的波包塌缩和 Born 的概率诠释仅仅是某种极好的近似,而远非测量中发生物理过程的全部的话,很可能时空量子化的困难及引力理论(比如等效原理)和量子论的冲突也是这种基本理论近似后的产物,而深刻理解量子力学的测量过程也许能帮助人们解锁引力场量子化的疑难。另一个可能是人们对时空的基本假设存在缺陷。我们知道,相对论最根本的假设之一是时空具有定域的 Lorentz 对称性。这种对称性对构建我们的物理理论是一个相当强的限制,从某种意义上几乎决定了我们所能发现的理论形式②。是否可能量子化的时空并不严格满足这种对称性,换言之,Lorentz 对称性仅仅是我们所熟知的能域范围内(近红外,$10^{-33} \sim 10^{12}$ eV)衍生的对称性(emergent symmetry)而已。当然也存在着其他可能性,比如很可能定域场论也只是一个红外近似,理论上在更高能标处的行为并非是零维的点相互作用而是一维的弦作用,物质、时空存在着极小尺度,例如 Planck 长度为 10^{-33} cm 等。

① 人们发展出了诸如圈量子引力、弦理论以及超对称引力等各种理论,新近的进展借用了凝聚态理论的概念,认为时空很可能只是红外低能的集体激发模式,是一种衍生的现象。

② 参见 S. Weinberg 的《场的量子理论·基础》。

事实上,最近二三十年来天文和宇宙学领域的进展中几乎已经发现明确超出粒子物理标准模型和广义相对论所能完美诠释的新现象——暗物质和暗能量。天文学家发现,我们引以骄傲的理论所能解释的物质组分仅仅占目前已知宇宙组分的不到 5%,其余 25% 是我们一无所知的暗物质,近 70% 则是更为神秘的暗能量。最令人沮丧的是,迄今为止,无论是中国四川锦屏山下的 PandaX,还是美国的 LUX(大型地下液氙实验),意大利的 XENON 等诸多实验组均未能探测到预期的暗物质粒子。当然,也许只是探测暗物质粒子的参数范围尚不在真实暗物质粒子的敏感区域,抑或暗物质粒子并非我们预期的大质量弱相互作用粒子(WIMP)。除此以外,新近的宇宙学观测也表明不同的探测手段获得的Hubble常数似乎并不自洽[8],所谓的 Hubble 常数不同观测间的冲突或许是观测本身的原因,或许蕴含着基本理论的重大危机。至于地面实验,最明确的超出标准模型的新物理莫过于中微子振荡。目前通过日本的超级神冈观测台(Super-Kamiokande Observatory)和美加边境的 SNO 中微子观测台(Sudbury Neutrino Observatories w)及中国的大亚湾中微子实验,已经完全确定了中微子三种味道(ν_e,ν_μ,ν_τ)间相互振荡转换的事实,并且以很高的精度确定了诸如中微子 θ_{13} 在内的轻子混合角,除了对中微子质量顺序、中微子类型①以及 CP 相角等暂时尚未确定外,结合宇宙学观测,对中微子质量也给出了大体的估计。以上所述的诸多进展都是没办法由粒子物理标准模型自洽诠释的。当然,还有令现代物理极为尴尬的暗能量问题。所有这些既可能是粒子物理标准模型和广义相对论的危机,也可能是引领人们揭开新物理面纱,甚或带来类似于幺正性、等效的原理等十分基本而深刻的新物理革命的契机。

本书正是试图探讨 Lorentz 对称性破缺这样一种可能性。虽然时空的基本对称性——Lorentz 对称性如此基本,几乎贯穿粒子物理标准模型和广义相对论的方方面面,是两者成立的根基。讨论其破缺确实会带来多如牛毛的问题,并且可能会使理论模型看起来十分丑陋。然而,一则,粒子物理标准模型建立的历史说明美学从来不是物理最本质的属性,过分强调理论的优美很容易限制人们对更多可能性的探索。比如 Einstein 晚年也许正是由于执着于统一场论的优美性而偏离了当时物理学的主流。二则,"反者道之动",即使 Lorentz 对称性作为基本对称性在历史长河中经受住了检验,研究和探讨 Lorentz 对称性破缺对检验 Lorentz 对称性,寻找新物理,甚至更好地理解这个"神圣的时空对称性"本身亦是非常有意义的。另外,量子力学告诉我们"非禁戒皆可能",既然 Lorentz 对称性也许并非

① 中微子是 Dirac 粒子还是 Majorana 粒子。

“神圣的对称性”,也没有什么更为基础的理由,比如幺正性等禁止其破缺,那么探索这种对称性破缺就绝非毫无价值,更非“邪门歪道”。事实上,探索和研究 Lorentz 对称性破缺,一方面,可以为实验检验 Lorentz 对称性提供更迫切的动机,从而不断量化和细化推进检验 Lorentz 对称性的精度及适用范围;另一方面,这种探索为加深理解 Lorentz 对称性——时空的基本对称性提供了实验支撑,甚至有机会为人们深入理解甚至革新既有的时空观提供思路或线索。无论如何,探讨各种可能性,这本身就是人类好奇心与科学研究的不竭源泉,这也是我们对于“正统”物理学家诘问研究 Lorentz 对称性破缺是否毫无价值的最为有力的回应。

本书的符号约定:字母表中起始及末尾的拉丁字母 $a, b, c, \cdots, x, y, z$ 代表四维空时坐标的上下标,如 $a = 0, 1, 2, 3$;而字母表中间部分的拉丁字母 $i, j, k\cdots$ 代表三维的纯空间坐标,并以矢量符号 $\boldsymbol{x}$ 表示纯空间部分的坐标矢量。度规号差为 -2,即 Minkowski 度规满足 $\mathrm{diag}[\eta_{ab}] = (1, -1, -1, -1)$[除如第 3 章、第 4 章明确说明为$(-1, 1, 1, 1)$外],其他非对角元为零。Levi-Civita 符号 ε_{abcd} 关于下标全反对称,且 $\varepsilon_{0123} = 1$,其指标升降由 Minkowski 度规 η_{ab} 实现。而对其三维空间形式 ε_{ijk},我们不区分其上下标,即 $\varepsilon_{ijk} = \varepsilon^{ijk}$ 且 $\varepsilon_{123} = \varepsilon_{0123} = 1$。使用 Einstein 求和规定,即如无特别说明上下指标同时出现代表求和,即 $x_i x^i = \sum_{i=1}^{3} x_i x_i$, $x_a x^a = \sum_{a=0}^{3} \eta_{ab} x^a x^b$。此外,因为有些公式既涉及矩阵也涉及矢量,且存在矩阵本身的变量也是矩阵或矢量,或者矢量是矩阵的函数的情形,为了避免引起歧义或误解,仅在必要的矢量部分标注了黑体。

本书的结构如下:

第一部分主要回顾狭义相对论、Lorentz 对称性,及与其相关的 CPT 对称性。该部分将分为三章:第 2 章讨论 Ingnatovski 定理,即通过时空对称性而非真空中光速不变原理来建立 Lorentz 变换。第 3 章讨论诸如 Bell 飞船佯谬、Sagnac 效应等一些许多狭义相对论教科书鲜有提及的有趣的相对论效应。第 4 章讨论和 Lorentz 对称性紧密相关的分立对称性:时间 T、空间 P 反演对称性及电荷共轭 C 对称性,以及三者的联合变换对应的 CPT 对称性,并简要讨论著名的 CPT 定理及其反定理。

第二部分回顾了研究 Lorentz 对称性破缺的动机及历史渊源,并扼要分类介绍 Lorentz 对称性破缺的现有理论框架。该部分又可分为两章:第 5 章介绍了人们探讨 Lorentz 对称性破缺的理论动机,并简明扼要介绍了当前已知的允许 Lorentz 对称性破缺的理论框架,包括非有效场论及有效场论。第 6 章重点探讨了作为有效场论的标准模型扩展(SME)框架,初步介绍了一些相关的重要概念——观者的 Lorentz 对称性变换和粒子的 Lorentz 对称性变换,并介绍了其满足电弱规范对称性、微观因果性、反常相消条件等要求下的理论构造。

第三部分主要以光子场为例分三个部分讲述了如何从 SME 的 Lagrangian 获得色散关系,即粒子的能动量关系的方法。第 7 章分两部分讲述了 Lorentz 对称性破缺的唯象学,分别讨论了 Lorentz 对称性破缺在极高能宇宙线和 γ 射线暴,主要是 HeRes/Auger 及 Fermi 实验组的观测结果上的体现。一方面利用 Lorentz 对称性破缺可以部分的解释实验观测结果;另一方面我们也可利用观测结果对理论中涉及的 Lorentz 破缺参数给出约束。

第四部分也就是第 8 章给出了总结和展望。

第 2 章 狭义相对论与 Lorentz 对称性

1887 年，Michelson-Morley 实验将以太——一种假想的传递电磁相互作用的背景介质判了死刑。也正是基于该实验，Einstein 的狭义相对论问世，其中最核心的正是惯性参考系间不同观测者的 Lorentz 变换。狭义相对论要求平直时空满足全局的 Lorentz 对称性。换言之，基本的物理规律必须是 Lorentz 不变的。事实上，最初的推导始于电磁学与相对性原理的调和，为此 Einstein 将真空中的光速不变性作为基本假设，由此将Galileo相对性原理推广为狭义相对性原理。实际上，狭义相对论反映了时空的本性，全局的 Lorentz 对称性是电磁、强、弱这 3 种规范相互作用的基本对称性，而定域的 Lorentz 对称性则是引力相互作用所满足的基本对称性。换言之，狭义相对论的 Lorentz 变换所反映的惯性参考系间的平权性要求是时空本身的属性——平直时空的对称性，而非某个特别的理论，比如 Maxwell 电磁理论的特有属性，所以本章的推导我们也将侧重于后者，而不采取大多数教科书或历史时序所介绍的以真空光速不变原理为逻辑原点出发进行推导。对于以真空光速不变原理作为出发点的推导，感兴趣的读者可参考任意一本狭义相对论或广义相对论基础的教科书，如文献[9]、[10]。

2.1 Lorenz 变换及 Minkowski 时空的基本对称性

2.1.1 Lorentz 变换——真空中光速不变

Lorentz 变换可以说脱胎于 Galileo 变换，但又不同于 Galileo 变换。Galileo 变换源自 Galileo 相对性原理。著名的 Galileo 相对性原理给出了不同惯性系间的相对变换关系，公式如下：

$$x'_{\parallel} = x_{\parallel} - vt, \quad t' = t, \quad x'_{\perp} = x_{\perp}$$

$$x_{\parallel} = x \cdot \frac{v}{|v|}, \quad x_{\perp} = x - x_{\parallel} \tag{2.1}$$

式中，$x'_{\parallel}$、$x'_{\perp}$的定义和 $x_{\parallel}$、$x_{\perp}$的定义类似。Galileo 变换建立了不同惯性参考系，即匀速直线运动参考系间的等价关系，因而可认为是将不同惯性参考系划分为同一等价类，也即建立了不同惯性参考系间的平权关系。若将这类参考系设想为封闭的船体，则船舱中的观测者是无法由经典力学实验确定参考系本身的运动。或者说经典力学遵从满足 Galileo 变换群的时空对称性，对应时空即是牛顿所谓的绝对时空。

然而 Galileo 变换显然不能适用于 Maxwell 方程，换言之，电磁理论在 Galileo 变换下不是不变的。如果 Galileo 变换更为基本，那么就有可能通过电磁实验在封闭的船舱中确定不同惯性参考系间的相对运动，即不同惯性参考系间的等价性（简并性）被电磁现象打破。这就意味着存在优越参考系，而电磁实验则可以从不同的惯性参考系中遴选出该优越参考系（即 Maxwell 方程成立的参考系）。当然，这在某种意义上也就意味着存在 Newton 所说的绝对时空。然而，经验告诉我们，似乎 Galileo 变换建立的不同惯性系间的等价关系至少在美学意义上是极为简洁的。虽然粒子物理的实践告诉我们美学考虑的有意义对象是基本物理原理而非方程，放弃 Galileo 变换要求而去选择 Maxwell 方程似乎泛用了美学原理（考虑了量子修正的 Maxwell 理论显然包含更为复杂的高阶项，例如 Euler-Heisenberg 作用量中的非线性项），然而 Einstein 的伟大之处正在于其选择的 Maxwell 方程中蕴含着极为重要的 Lorentz 对称性，一个基本的物理原理。与之相应的 Lorentz 变换则保留了 Galileo 变换中隐含的相对性原理，确保了不同惯性系间的等价性①。

当然，一个更强的缘由来自于 Michilson-Morley（MM）实验，实验装置可参见图 2.1。1887 年 4～7 月重复的 MM 干涉实验没有检测到因为地球相对于假想的以太（ether）的运动，这促使人们相信 Galileo 变换带来正交方向的真空光速的差别实际并不存在（注：2009 年的 MM 实验给出的光速偏离小于 $\Delta c/c \leqslant 10^{-17}$[11-12]），或者说在 MM 实验能达到的精度范围内该速度差无法检测到。考虑到地球轨道速度大致为 30 km/s，由此基本可推断 ether（如果存在的话）相对地球的运动速度几乎可以忽略，这当然与优越参考系的存在——绝对时空观是相矛盾

---

① 这样的选择恰恰印证了 Freeman Dyson 称赞杨振宁先生的话，“保守的革命者”（参见 Dyson 所著的《鸟与青蛙》一书）。建立起现代物理大厦辉煌架构的伟大物理学家基本上都可看作是“保守的革命者”。

的，因为由于自转、公转，地球显然不是一个优越惯性系，最多只能算某个惯性参考系的勉强不错的近似。有趣的是，MM 实验误差范围内真空光速不变的结论恰恰和 Maxwell 理论相符。Maxwell 理论中真空光速的公式如下：

$$c^2 = \frac{1}{\varepsilon_0 \mu_0} \tag{2.2}$$

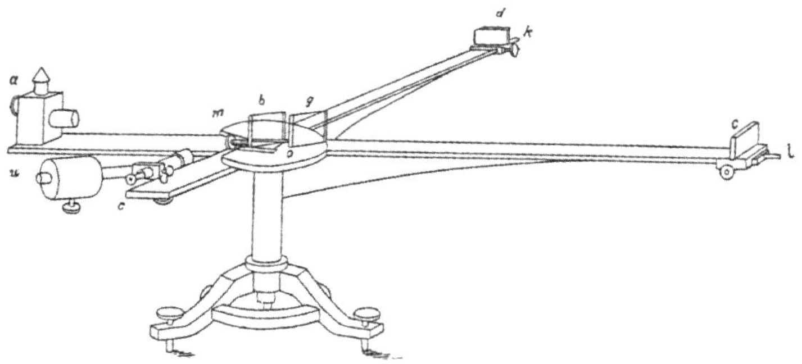

(a) Michilson 1881 年的干涉仪

(b) Michilson 干涉仪实物图

图 2.1　Michilson 干涉仪

a. 光源-灯，b. 平行平面玻璃板，c&d. 表面涂银反射镜，e. 具有测微目镜的望远镜（以观测干涉条纹），g. 补偿平面玻璃板，m. 测微螺旋（可使 b 沿 bc 段发生微小平移），k&l. 固定用尾夹，w. 平衡锤。

注：图(a)中的干涉仪与 1887 年 Michilson-Morley 实验干涉仪原理基本相同。图片(a)取自 WIKI[13]，或参见 American Journal of Science (1880—1910)；Aug 1881；22，128。图(b)中的重构的干涉仪位于波茨坦气候研究所的地下室。图片(b)来自于 https://www.world-interferometry-day.com/michelson-interferometer。

式中，ε_0，μ_0 分别代表真空介电常数和真空磁导率，显然这都是真空本身的属性。一方面，如果相对做匀速直线运动的惯性系中真空性质不依赖于惯性运动状态本身的话（注：现在人们知道，非惯性运动观测者的真空定义确与惯性运动观测者的真空有所不同，此即著名的 Unruh 效应[14-15]），真空光速当然是不变的。这意味着电磁规律在惯性系中也很可能是普适的①。另一方面，真空中的 Maxwell 电磁场方程在 Galileo 变换下确实不是不变的。这看起来似乎和电磁规律在惯性系下的普适性结论相矛盾，然而细致的分析告诉我们，矛盾源于我们根深蒂固的认为不同惯性参考系间的变换必然就是 Galileo 变换。回过头看，我们当然知道 Galileo 变换不过只是宏观低速下不同惯性系间变换关系的近似而已。反过来，如果电磁规律在不同惯性系下是普适的，则意味着真空中光速不变，必然仍由真空的性质所决定。那么利用真空光速不变作为基本原理自然有可能推导出不同惯性参考系间的 Lorentz 变换式，这正是许多教科书（如俞允强老师的《电动力学简明教程》[16]）所采取的思路。总而言之，通常教科书将真空中光速不变这一事实升级为基本假设以推导 Lorentz 变换的方法，实际上包含了狭义相对论的两个基本假设：

（1）真空中光速不变。或者说存在某个不依赖惯性参考系运动状态的极限速度，恰巧这个极限速度正是真空光速。

（2）不同惯性参考系间的平权性或者说等价性，即物理规律（特别地，力学和电磁学规律）在不同惯性系下具有相同的形式。

不同于基于以上两个基本假设的推导，接下来，我们将基于最早由 V. Ingnatovski发展[17]的一套方法来推导出 Lorentz 变换，从该推导过程更容易揭示出 Lorentz 变换来源于平直时空的基本对称性。

2.1.2 Lorentz 变换——Lorentz 对称性（时空对称性）

1910 年，V. Ingnatovski[17]表明无需真空中光速不变的假设也可得到相对论运动学所满足的 Lorentz 变换。该方法又被 S. Liberati 称为 Ingnatovski 定理[18]，本节内容正是引述自文献[18]。摒弃真空中光速不变的假设给出 Lorentz 变换当然需要新的假设，Ingnatovski 定理[17]表明所需的基本假设非常一般。类似于热力学中的 Carnot 定理给出的理想热机的效率不依赖于工作物质，Ingnatovski 定理的基本假设也不再包含任何特定物质（如光在真空中的速度）的属性②，这 3 条基本假设包括：

（1）假定时空（此处即真空。显然大质量天体附近或者固体内部并不具有高

① 后知后觉，我们现在当然知道 Einstein 建立的狭义相对论表明除了引力外的力学、电磁学等物理学规律在惯性系中都是成立的。换言之，我们无法通过除引力外的力学、电磁学等物理实验区分封闭船舱的惯性运动状态。

② 真空作为任何具象的物理现象发生的背景当然不属于我们所说的具体的特定物质，比如光、声波等。

度的对称性，例如，晶体因为晶格结构显然不具有转动对称性，而只有转动子群的一些分立对称性）是均匀、各项同性的。时空的均匀性意味着无论不同的时间点还是空间点都没有特殊性；换言之，时空中各个事件[event，可由一组时空坐标$(t, \boldsymbol{x})$描述]都是平权的，即时空具有 T_4 的平移不变性。而空间的各向同性意味着空间具有 $SO(3)$转动不变性。

(2) 各个惯性参考系间的平权性(democracy)。惯性参考系间的平权性可认为是 Galileo 相对性原理的推广。

(3) 时序因果性(pre-causality)。沿同一观测者世界线的两因果相关的事件发生的时间顺序在不同惯性系观测者看是相同的。这里世界线的概念出现在建立 Lorentz 变换前似乎不太恰当。不过我们或可理解为相对静止的观者的"运动"轨迹即是世界线。

注意：事件作为描述时空点的概念出现其实相当自然，任何事情的发生自然不仅要知道何地，也要知道何时才可能完备描述。而相对静止参考系中观者的运动轨迹——时间线在狭义相对论建立前也并非不可想象。孔子曾云："逝者如斯夫，不舍昼夜。"《晋书》云："王质入山斫木，见二童围棋。坐观之，及起，斧柯已烂矣。"换言之，即使没有宏观运动，静止观者的时间轨迹在前相对论时期也可由物质分子的微观运动所产生的变化如"斧子烂了"(matter decay)反映出来。

假定两初始时刻原点重合的惯性系，即 $t = t' = 0$，则 $\boldsymbol{x} = \boldsymbol{x}' = 0$，我们分别记为 $\Sigma(t, x, y, z)$，$\Sigma'(t', x', y', z')$，且 Σ' 对于 Σ 以匀速 $\boldsymbol{v}'$ 运动，而 Σ 相对于 Σ' 以匀速 $\boldsymbol{v}$ 运动。为简单计，假定速度方向 $\boldsymbol{v}$ 为 x 正方向，即 $\boldsymbol{v} = v\hat{e}_x$，其中 $\hat{e}_x = \boldsymbol{v}/v$ 为 x 方向单位矢量。很显然，参考系 Σ' 相对于 Σ 沿 x 方向的运动使得 x 方向有了特殊性，然而与 x 方向垂直平面内的任一方向均无特殊性，由此可见 Σ' 相对于 Σ 的速度 $\boldsymbol{v}'$ 不可能具有垂直分量，否则相当于遴选了与 $\hat{e}_x$ 垂直平面的某一特殊方向，故而可进一步由运动的相互性推断 $\boldsymbol{v}' = -v'\hat{e}_x$（负号是必然的，否则运动的相互性不再成立，将出现逻辑矛盾）。注意我们暂且不要求 $v' = v$；并且 $|v'|, |v| \in [0, C)$，此处 $C \leqslant +\infty$ 不一定代表真空光速。先假定从参考系 $\Sigma'(t', x', y', z')$ 到 $\Sigma(t, x, y, z)$ 的坐标变换为 $x^\mu = x^\mu(t', x', y', z'; -v')$ 或自 Σ 到 Σ' 的逆变换为 $x'^\mu = x'^\mu(t, x, y, z; v)$。

假设 1：空时的均匀性告诉我们变换必然不依赖于具体的时空点，即 Lorentz 坐标变换中各事件处的坐标仅依赖与空时间隔本身，即

$$\mathrm{d}x'^\mu = \frac{\partial x'^\mu}{\partial x^\nu}\mathrm{d}x^\nu \equiv \Lambda^\mu{}_\nu(v)\mathrm{d}x^\nu \tag{2.3}$$

式中，$\Lambda^\mu{}_\nu(v)$为不依赖于事件坐标 x^ν 的常数。这意味着空时的均匀性要求两个

不同惯性系间的坐标变换必然是线性的。事实上,空时的均匀性是 Minkowski 时空的重要属性之一,这意味着平移不变性,换言之,由 Nöether 定理可知能动量守恒。直观上,平移不变性最自然的实现必然意味着坐标变换是线性的,否则变换系数必然依赖于事件点的坐标。当然,Lorentz 变换的线性性在 S. Weinberg 的引力论与宇宙论中亦有细致的数学证明[10]。

进一步来说,由空间各向同性,即空间各个方向的平权性要求可知,x 方向的相对运动并不会带来与之垂直方向变换的特殊性,即 $y'=y, z'=z$。是故我们仅需考虑 1+1 维的变换:$(t,x)\to(t',x')$,且由变换的线性性 $\frac{\partial x'^{\mu}}{\partial x^{\nu}}=\Lambda^{\mu}{}_{\nu}(v)$ 将其表达为

$$\begin{pmatrix} t' \\ x' \end{pmatrix}=\begin{pmatrix} A(v) & B(v) \\ C(v) & D(v) \end{pmatrix}\begin{pmatrix} t \\ x \end{pmatrix} \tag{2.4}$$

注意在式(2.4)中,A、B、C、D 4 个相对速度 v 的函数并不完全独立。再次利用时空的均匀性要求我们可考虑参考系原点的运动,并建立之前所述的零时坐标原点重合的约定:当 $t=t'=0$ 时,$\boldsymbol{x}=\boldsymbol{x}'=0$。由此考虑 Σ' 的原点 O' 在参考系 Σ 中的运动,此时 $x'_{O'}=0$,对应于参考系 Σ 中的坐标为

$$\begin{pmatrix} t_{O'} \\ x_{O'} \end{pmatrix}=\frac{1}{AD-BC}\begin{pmatrix} D & -B \\ -C & A \end{pmatrix}\begin{pmatrix} t'_{O'} \\ 0 \end{pmatrix}=\frac{1}{AD-BC}\begin{pmatrix} Dt'_{O'} \\ -Ct'_{O'} \end{pmatrix} \tag{2.5}$$

注意:在 Σ 参考系看来,O' 以速度 $\boldsymbol{v}'=-v'\hat{e}_x$ 运动,故可知 $C=Dv'$。反过来,考虑参考系 Σ 的原点 O 在参考系 Σ' 中的运动,并注意到在参考系 Σ' 看来,原点 O 以速度 $\boldsymbol{v}=v\hat{e}_x$ 运动,可得 $C=vA$。综上可将变换矩阵表述为

$$\Lambda_{1+1}(v)=\begin{pmatrix} A & B \\ C & D \end{pmatrix}=A(v)\begin{pmatrix} 1 & \xi(v) \\ v & \frac{v}{v'} \end{pmatrix} \tag{2.6}$$

式中,$\xi(v)\equiv B(v)/A(v)$。特别地,$\lim\limits_{v\to 0}\Lambda_{1+1}(v)=\mathrm{diag}(1,1)$,由此可得

$$A(0)=1,\quad \xi(0)=0,\quad \lim_{v\to 0}\frac{v}{v'}=1 \tag{2.7}$$

注意:等式(2.3)前面部分我们对速度 $\boldsymbol{v}$,$\boldsymbol{v}'$ 的分析已用到相对性原理,即参考系 Σ、Σ' 间的相互平权性。而式(2.7)后两式暗示我们 $v'=v$。事实上,假设 1 中空间的各向同性若限制在一维空间,则意味着 $x\to -x, x'\to -x'$ 的宇称变换。在该变换下,变换式(2.4)仍应适用,只是对应的矩阵参数替换为 $A(v)\to A(\bar{v})$,$v'\to \bar{v}'$。由此可推出

$$A(\bar{v})=A,\quad -\xi(\bar{v})=\xi(v),\quad \bar{v}=-v,\quad \bar{v}'=-v' \tag{2.8}$$

注意:若考虑到我们对参考系 Σ,Σ' 间速度方向的约定 $\boldsymbol{v}=v\hat{e}_x$,$\boldsymbol{v}'=-v'\hat{e}_x$,特别

是假定 v,v'取值为正，则恰好和以上的宇称变换相匹配，从而表明，$\bar{v}=-v'=-v=\bar{v}'$，即 $v=v'$，与等式(2.7)中的第三极限式一致。综上可得简化后的 $1+1$ 维变换矩阵：

$$\Lambda_{1+1}(v)=A(v)\begin{pmatrix}1 & \xi(v)\\ v & 1\end{pmatrix} \tag{2.9}$$

接下来，注意到惯性参考系间变换的群结构(这暗含了假设 2：各个惯性参考系间的平权性)：

(1) 恒等变换。即 $\Lambda_{1+1}(0)=\hat{1}_{2\times 2}\equiv\begin{pmatrix}1 & 0\\ 0 & 1\end{pmatrix}$，这在等式(2.7)中已考虑。

(2) 两个惯性参考系间的变换存在逆变换，变换式(2.4)的逆变换矩阵即等式(2.5)中的矩阵

$$\Lambda_{1+1}^{-1}(v)=\frac{1}{A(v)[1-v\xi(v)]}\begin{pmatrix}1 & -\xi(v)\\ -v & 1\end{pmatrix} \tag{2.10}$$

注意到矩阵(2.10)表示的变换应具有变换矩阵 $\Lambda_{1+1}(v)$相同的形式，但参数不同，如标记为 $\Lambda_{1+1}(u)$。由此得到

$$A(u)=\frac{1}{A(v)[1-v\xi(v)]},\quad \xi(u)=-\xi(v),\quad u=-v \tag{2.11}$$

显然等式(2.11)告诉我们 $\xi(-v)=-\xi(v)$，即 $\xi(v)$为速度的奇函数。另外，注意 $v\to -v$ 相当于时间反演变换 $t\to -t,t'\to -t'$，而式(2.9)在该变换下将保持相同的形式，由此可得 $A(-v)=A(v),\xi(-v)=-\xi(v)$，后者即由群的逆元的存在性得到的结果，而前者告诉我们 $A(v)$是速度 v 的偶函数。

(3) 任意两个连续的 Lorentz 变换的结果，即参考系 $\Sigma\to\Sigma'$ 和 $\Sigma'\to\Sigma''$间的变换仍然是 Lorentz 变换，即 $\Sigma\to\Sigma''$ 间的变换。假定这两个连续变换的参数分别为 v、u，则 $\Sigma\to\Sigma''$ 间变换的参数必为两者的函数，设为 $\Phi(v,u)$，即 $\Lambda(u)\Lambda(v)=\Lambda[\Phi(u,v)]$。接下来我们对参数 u 微分，并计算其在 $u\to 0$ 处的结果，

$$\Lambda'(u)\mid_{u=0}\Lambda(v)=\left[\frac{\partial\Phi(u,v)}{\partial u}\right]_{u=0}\Lambda'[\Phi(0,v)]\Leftrightarrow\Lambda'(0)\Lambda(v)=\phi(v)\Lambda'(v) \tag{2.12}$$

其中 $\phi(v)\equiv\left[\frac{\partial\Phi(u,v)}{\partial u}\right]_{u=0}$。等式(2.12)的形式解为

$$\Lambda(v)=\exp\left[\Lambda'(0)\int_0^v\frac{\mathrm{d}\omega}{\phi(\omega)}\right] \tag{2.13}$$

注意到 $\Lambda'(0)=A'(0)\hat{1}_{2\times 2}+\hat{M}$，其中 $\hat{M}=\begin{pmatrix}0 & \xi'(0)\\ 1 & 0\end{pmatrix}$，并且 $\hat{M}^{2n}=\xi'(0)^n\hat{1}_{2\times 2}$，

$\hat{M}^{2n+1}=\xi'(0)^n\hat{M}$。进一步,我们可将式(2.13)展开如下:

$$
\begin{aligned}
\Lambda(v) &= \exp[\Lambda'(0)\rho(v)] = \sum_{n=0}^{\infty}\frac{\rho(v)^n}{n!}\Lambda'(0)^n \\
&= \mathrm{e}^{\rho(v)A'(0)}\left\{\hat{1}_{2\times2}\cosh\left[\mathrm{e}^{\frac{i\pi(s+1)}{4}}\rho(v)\,|\xi'(0)|^{\frac{1}{2}}\right]\right. \\
&\quad \left. +\hat{M}\frac{\sinh\left[\mathrm{e}^{\frac{i\pi(s+1)}{4}}\rho(v)\,|\xi'(0)|^{\frac{1}{2}}\right]}{\xi'(0)^{\frac{1}{2}}}\right\}
\end{aligned}
\tag{2.14}
$$

式中,$\rho(v)\equiv\int_0^v\frac{\mathrm{d}\omega}{\phi(\omega)}$,而 $s=-1$ 或 $s=+1$,分别对应于 $\xi'(0)$的符号取正负号,后面我们将证明 $\xi'(0)>0$,而式(2.14)的第二等式来源于直接计算的结果。

比较等式(2.14)和原变换矩阵(2.9)可得

$$
\begin{aligned}
A(v) &= \mathrm{e}^{\rho(v)A'(0)}\cosh\left[\mathrm{e}^{\frac{i\pi(s+1)}{4}}\rho(v)\,|\xi'(0)|^{\frac{1}{2}}\right] \\
\xi(v) &= \tanh\left[\mathrm{e}^{\frac{i\pi(s+1)}{4}}\rho(v)\,|\xi'(0)|^{\frac{1}{2}}\right]\xi'(0) \\
v &= \tanh\left[\mathrm{e}^{\frac{i\pi(s+1)}{4}}\rho(v)\,|\xi'(0)|^{\frac{1}{2}}\right]
\end{aligned}
\tag{2.15}
$$

利用之前坐标变换式(2.9)在时间反演变换下不变的推论:$A(-v)=A(v)$,即 $A(v)$为偶函数的结果马上可以得到 $A'(0)=0$。注意到由假设 3:时序因果性,可得变换前后时序不变。换言之,$\partial t'/\partial t>0$,由此可得对于任意速率 v,$A(v)>0$。这要求 $\xi'(0)$的符号取正,即 $s=-1$,$\xi'(0)>0$。

进一步将式(2.15)回代入式(2.14),我们立刻可得简化的变换矩阵

$$
\Lambda(v)=\cosh\left[\rho(v)\sqrt{\xi'(0)}\right]\begin{pmatrix}1 & \xi'(0)v \\ v & 1\end{pmatrix}
\tag{2.16}
$$

利用群乘积条件 $\Lambda(u)\Lambda(v)=\Lambda[\Phi(u,v)]$可得速度的叠加关系,即 $\rho(v)$的函数关系

$$
\Phi(u,v)=\frac{u+v}{1+\xi'(0)uv}
\tag{2.17}
$$

$$
\frac{\cosh\left[\rho[\Phi(u,v)]\sqrt{\xi'(0)}\right]}{[1+\xi'(0)uv]}=\cosh\left[\rho(u)\sqrt{\xi'(0)}\right]\times\cosh\left[\rho(v)\sqrt{\xi'(0)}\right]
\tag{2.18}
$$

由速度叠加关系式(2.17),我们立即可以得

$$
\rho(v)\equiv\int_0^v\frac{\mathrm{d}\omega}{\phi(\omega)}=\int_0^v\frac{\mathrm{d}\omega}{[\partial_u\Phi(u,\omega)]|_{u=0}}=\frac{\tanh^{-1}[v\xi'(0)]}{\sqrt{\xi'(0)}}
\tag{2.19}
$$

积分有意义的要求包括 $\xi'(0)v^2<1$;$\omega,v>0$ 和 $\xi'(0)>0$。注意到可以选取适当的速度约定使得速率 $\omega,v>0$,而 $\xi'(0)>0$ 则可由速度叠加式(2.17)得到,$u,v>0$ 情形下要求叠加速度不发散则必然使得 $\xi'(0)<0$ 不成立,即 $\xi'(0)\geqslant0$。而因为时

序因果性要求，该条件必然满足。将 $\rho(v)$ 回代入式(2.16)立刻得到

$$\Lambda(v)=\frac{1}{\sqrt{1-\xi'(0)v^2}}\begin{pmatrix}1 & \xi'(0)v\\ v & 1\end{pmatrix} \tag{2.20}$$

显然，$\xi'(0)=0$ 对应变换式(2.20)恢复到 Galileo 变换式 $t'=t, x'=x+vt$，对应于平凡解。对非平凡情形，即 $\xi'(0)>0$，则变换式(2.20)有意义意味着 $1-\xi'(0)v^2>0$。由变换 $\Lambda(v)$ 的量纲分析可知 $\xi'(0)$ 量纲为速度平方的倒数，故可定义速度常数 $c=1/\sqrt{\xi'(0)}$，一并考虑垂直于速度方向的坐标变换，此时变换简化为

$$t'=\gamma(v)\left[t+\frac{\boldsymbol{v}\cdot\boldsymbol{x}}{c^2}\right],\quad \boldsymbol{x}'=\boldsymbol{x}+[\gamma(v)-1]\boldsymbol{x}_{\parallel}+\gamma(v)\boldsymbol{v}t \tag{2.21}$$

式中，$\gamma(v)\equiv 1/\sqrt{1-\left(\frac{v}{c}\right)^2}$，而平行于速度方向的位移矢量分量为 $\boldsymbol{x}_{\parallel}=(\boldsymbol{x}\cdot\boldsymbol{v})\frac{\boldsymbol{v}}{v^2}$。由 $\xi'(0)v^2<1$ 可得 c 即极限速度。注意 $\xi'(0)=0$ 对应于极限速度 $c\to+\infty$，自然退化到 Newton 时空对应的 Galileo 变换式。若 c 为有限正数，则对应变换式(2.21)即 Lorentz 变换，对应时空为 Minkowski 时空。然而基于时空对称性的推导并不能给出我们极限速度 c 即为光速。正如一些所谓的类比引力理论(Analogue gravity)[19]所声称的：在引力的声学类比理论中衍生出的时空中其极限速度恰好是声速而非光速。这些类比理论或带来意义深远的结果，例如，基于这些类比检验诸如 Hawking 辐射、Unruh 效应等通常实验室难以企及的相对论时空效应。

2.2　本 章 小 结

强调 Lorentz 变换是时空对称性，即空时的均匀各向同性和惯性参考系间平权性、时序因果性的结果而不是真空光速不变作为基本原理的产物[20]，也许更符合 Einstein 的本意，否则有可能给人一种 Lorentz 对称性是电磁作用特有的对称性这样一种假象，而 Einstein 本人更为强调的则是物理规律而不仅仅是电磁规律在不同惯性参考系中具有一致性。

若沿着该方向做更进一步的推广，去除掉惯性参考系的特殊地位并将引力纳入其中则会引出被朗道称之为“人类最漂亮的物理理论”的广义相对论。注意在广义相对论中，惯性系的定义与狭义相对论略有不同。后者对惯性系的要求是匀速直线运动或者净外力为零；而前者由于引力的存在，惯性参考系的建立依赖于等效原理。通过沿着特定观者的测地线引入 Fermi 正规坐标，在该坐标选择下，

相当于建立自由下落的定域参考系,其中度规为 Minkowski 度规 $\eta_{\mu\nu}$,而度规的一阶微商为零,即$\partial_\rho g_{\mu\nu}=0$。物理上这等价于因选取了局域自由下落的"特殊"参考系而"抵消"了通常所说的重力的影响,故而其中的物理规律即狭义相对论对应的物理规律。当然,亦可在时空中每一点建立 Riemann 正规坐标,此时该点邻域诸点皆由微小测地线连接,故而该点邻域诸点坐标皆可由测地线长度参数化,从而使得该点邻域也满足度规偏离为零 $g_{\mu\nu}-\eta_{\mu\nu}=0$ 及度规一阶微商为零$\partial_\rho g_{\mu\nu}=0$ 条件。当然,真正的引力效应表现为测地偏离,因其正比于度规的二阶微商即曲率张量,是无法利用自由下落的局域"特殊"参考系的选取而消除的。选取了局域惯性系可以认为在时空流形的诸点建立了切空间,因为局域惯性系中除引力现象(如潮汐作用)外的物理规律均满足狭义相对论中的规律因而仍然具有局域的空时对称性,或称之为局域 Lorentz 对称性。注意这是由等效原理确保的自由下落的局域惯性系中的定域 Lorentz 对称性,而非全局对称性。这或可类比于规范场论中的规范对称性,只是此处对应的对称空间是时空本身而非例如 $SU(2)$群的同位旋内部空间。

当然,广义相对论除具有定域的 Lorentz 对称性外,还具有微分同胚不变性。定域的 Lorentz 对称性和微分同胚不变性间具有十分深刻的联系。一般而言,定域的 Lorentz 对称性的自发破缺必然导致微分同胚不变性的自发破缺,反之亦然[21]。探讨这两者间的关系超出本书的范围,感兴趣的读者可参看该文献[21]。

第 3 章　狭义相对论的若干专题

狭义相对论放弃了 Newton 的绝对时空，赋予了所有惯性参考系平权的地位。其代价则是放弃同时的绝对性，代之以真空光速不变的绝对性（或粒子极限速度的普适性①），由此产生了许多迥异于 Newton 时空的反直觉的运动学效应。最著名的包括孪生子佯谬、Bell 飞船佯谬等。虽然不少狭义相对论及引力的教科书会有所提及，但一则对其未必言之详尽，再则有些佯谬确实有趣，此处特罗列一二，以飨读者。

3.1　一些有趣的狭义相对论效应

3.1.1　孪生子佯谬

孪生子佯谬又称双生子佯谬。大意是两孪生兄弟其一（记作 OB）静止不动，另一（记作 YB）则乘飞船飞往遥远星球（如离太阳系最近的恒星——比邻星，即半人马座 α 星，离地球大约 4.22 光年）后折返。当返回地球时因 YB 相对地球的高速运动存在时间膨胀效应，他应当比地球上的兄弟 OB 年轻。然而在飞船中的

---

① 狭义相对论中的真空光速不变并非光子本身具有特别的地位，而是无质量粒子均恰好以该极限速度运动，比如引力子、胶子。对于有质量粒子，若不断对其加速，相当于不断推促到更高的运动速度，其极限速度则是真空中的光速。将其表述为“粒子的极限速度是普适的，即真空光速”可以让读者避免产生光子具有特殊地位的错觉（虽然作为目前探测到的唯一的可运动宏观距离的无质量粒子，光子确实有着某种特殊性）。实际上，在现代加速器中，如质子、μ 子等较重粒子的加速运动，可产生小数点后高达 7 个 9 $\left(\frac{v}{c}=0.999\,999\,989\,8\right)$ 的极为接近光速的运动速度，而至于电子、中微子则可以达到更为接近光速的运动速度。

YB 看来，地球上的 OB 相对于自己也在高速反向运动，当其折返时因为时间膨胀似乎应该比自己更年轻。该佯谬最早由 Einstein 本人在标志狭义相对论诞生的著名论文“论动体的电动力学”[22]中提出，后由朗之万和冯·劳厄分别给予解释。然而，前者强调了双生子间的不对称性源于加速度的绝对性[23]，后者则强调该不对称性来源于运动双生子在飞行过程中分别处于两个不同惯性系，而静止双生子则始终处于单一惯性系[24]中。应注意到该佯谬只是个逻辑错误，并非真实的佯谬。该逻辑错误的原因在于误将两者运动的相对性当成了双生子间的运动具有了对等性。实际上可在一定精度范围内认为地球上的 OB 一直做惯性运动，而 YB 则不可能一直在同一惯性系做惯性运动（否则无法折返地球），所以两者的地位并不对等。

可以引入 Minkowski 度规 $\eta_{ab}=\mathrm{diag}(-1,+1,+1,+1)$，简单的考虑微分固有时

$$d\tau^2 = -\frac{\eta_{ab}\,dx^a\,dx^b}{c^2} = dt^2 - \frac{d\boldsymbol{x}^2}{c^2} \tag{3.1}$$

来探讨该佯谬。根据式(3.1)，马上可得固有时

$$\Delta\tau = \int_{t_i C}^{t_f} dt\sqrt{1-\frac{\boldsymbol{v}(t)^2}{c^2}},\quad \boldsymbol{v}\equiv\frac{d\boldsymbol{x}}{dt} \tag{3.2}$$

式中，t_i，t_f 分别代表兄弟俩分离和再次相遇的初、末时间，而 C 代表空时中的积分路径。显然在地面参考系看，OB 的速度为零（忽略地球自转和轨道运动），所以 $\Delta\tau_{OB}=\int_{t_i C_{OB}}^{t_f} dt$，而 YB 由于乘飞船高速运动，除了折返的某一瞬时或某一可忽略的时段外，$\boldsymbol{v}(t)\neq 0$，所以 $\Delta\tau_{YB}=\int_{t_i C_{YB}}^{t_f} dt\sqrt{1-\frac{\boldsymbol{v}(t)^2}{c^2}}<\int_{t_i C_{YB}}^{t_f} dt$。粗略地可由以上不等式得知 $\Delta\tau_{YB}<\Delta\tau_{OB}$，即乘飞船回归的兄弟比留在地球的兄弟年轻。当然，这等于假定了积分路径 $C_{YB}=C_{OB}$。该推理虽然看起来比较粗糙，但仍然抓住了孪生子佯谬的内核，即运动的粒子固有时更短。实际上，注意到对应于双生子之一 YB 乘飞船自地球抵达比邻星和由比邻星返回地球这一事件序列而言，无论对地球观测者 OB 还是飞船观测者 YB 都度越了地球到比邻星这样一个空间距离。然而对 OB 而言，这一空间距离是固有长度，而对 YB 而言则是运动的长度。这样一个类空距离是两者都认同的事情，而不考虑飞船启动、折返所需的加速度，那么无论是对 YB 还是 OB 来说，度越该空间距离的相对速度大小都是一样的。由于对运动的 YB 而言，空间距离存在尺缩效应，所以其记录的在地球兄弟俩分离-再相遇的固有时要小于静止观者 OB 所记录的固有时。换言之，运动的兄弟返回地球必然比留守地球的兄弟更年轻。

这一乍看起来和日常经验似乎相悖的推论源于日常我们接触到的物体运动速度远小于光速，即使是太阳逃逸速度（16.7 km/s）也不到光速的 6×10^{-5}。若 Lorentz 对称性对应的极限速度光速和声速差不多，或大不了几个数量级，那么我们将对相对论的时延、尺缩等效应习以为常。事实上，在微观粒子层面相对论效应每时每刻都在上演。比如第二代轻子——μ 子（muon，也称为缪子），其平均寿命不过 2.2 μs，即使以光速行进，其平均寿命内穿越的空间距离也不过 660 m [$(2.2\times10^{-6}\ \text{s})\times(3\times10^{8}\ \text{m/s})=660\ \text{m}$]，远无法穿越大气层（大气层厚度依赖于定义，但不少于几十千米）。然而考虑到其来源一般是宇宙线 decay 的次级粒子 π 介子的衰变产物，速度非常接近光速，比如达到 99.97%c，那么由于相对论性尺缩效应，$L_0=30$ km 的大气层在 μ 子的静止参考系看不过 $\sqrt{1-\left(\frac{v}{c}\right)^2}L_0\approx735$ m，可见 μ 子自然是有不小的概率穿透大气层抵达地面而被宇宙线探测器探测到的。

另外，由时空图 3.1（彩图 1）可以更加直观地理解孪生子佯谬，读者亦可参见陈斌老师《广义相对论》一书第 1 章[25]。为了便于分析，我们仅考虑左图，基本忽略飞船的加速度。右图考虑了飞船的加速度变化，不存在类似左图 M 点处的非连续性行为，因而更加实际。读者可以自己分析右图。很显然，无论左图、右图，YB 世界线的“长度”都要长于 OB 的世界线。注意不同于欧式几何，在狭义相对论中这恰恰意味着 YB 的固有时要小于 OB[这是由于 Minkowski 时空的度规不是diag(+ + + +)而是 diag(− + + +)，存在一个负号]。此即所谓的“运动使人年轻”[25]。

3.1.2　Bell 飞船佯谬

Bell 飞船佯谬是一个思想实验，最早在 1959 年由 E. Dewan 和 M. Beran[26] 提出，后由 J.S. Bell（即量子力学中著名的 Bell 定理的提出者）修正更新[27-28]后变得更广为人知。Bell 飞船佯谬是指考虑两艘相同工艺制造的相同的飞船从静止开始加速，通过预载入的机载程序及传感器保证两列飞船从初始静止加速到有限速度的过程中在地面惯性系 Σ_e 看均保持相同的距离。为方便分析，我们假定两飞船分别为 S_1，S_2，在 Σ_e 参考系沿 x 轴正向开始加速。两列飞船均静止时 S_2 的机鼻距 S_1 的机尾的距离为 d，且在 Σ_e 观测者看来加速过程中一直保持飞船间的距离为 d 不变。倘若两飞船间由一根有限张力的轻绳连接，请问加速过程中轻绳是否会崩断？粗略看来，因为两飞船间距 d 在地面惯性系 Σ_e 看来保持不变，因而原长为 d 的绳子似乎不会断。然而绳子现在不再相对 Σ_e 静止，运动的物体存在 Lorentz 收缩，似乎又意味着其将被飞船拉伸，最终到达极限而被拉断。这正是所谓飞船佯谬的由来。

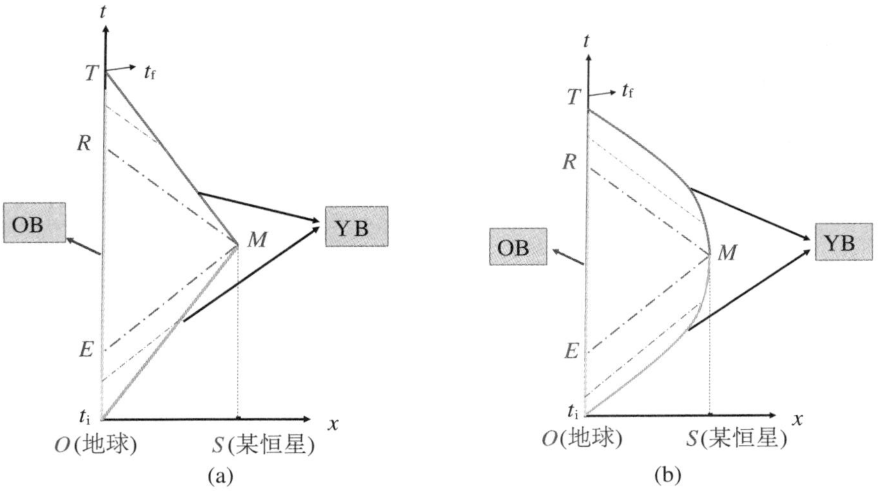

图 3.1　孪生子佯谬的时空图

注：图中纵、横轴分别代表时间、空间轴。图中已忽略地球及某恒星的非惯性运动。地球观测者 OB 的世界线沿时间轴，由亮黄色标记；而飞船上的观测者 YB 的世界线分别由土黄色和绿色标记。比邻星星体世界线（同样忽略其自转及轨道运动）沿纵轴 SM。图中红色虚线代表类光曲线，可用于 YB 和 OB 之间的同时性校准。图（a）基本忽略飞船的加速度，因而仅在 M 点存在加速度奇点。图（b）的 YB 世界线更平滑，示意更为实际的世界线。

同孪生子佯谬一样，此处仍然是因为逻辑混乱带来的所谓的佯谬。细致的分析表明无论是地面惯性系 Σ_e，还是与两飞船保持瞬时相对静止的惯性系 Σ_{IRF}，绳子都会受到拉伸而崩断。同样需要强调的是，与孪生子佯谬一样，这个佯谬的解决同样不需要涉及广义相对论，狭义相对论完全有能力处理加速问题，因而可以在狭义相对论框架内解释。

1. 首先考虑地面参考系 Σ_e 中的观者

显然初始静止时两飞船的间距和绳长 d 均为固有长度，因其可在飞船尚未加速前的任意时刻分别测量两端点的 x 坐标值得到。一旦飞船启动，则 Σ_e 中观者看到的飞船间距即是动体长度，必须同时测量。假定在加速期间的某一瞬时 $t = t_{s_1} = t_{s_2}$，飞船 S_2 的机鼻与飞船 S_1 的机尾坐标分别为 x_{s_2}、x_{s_1}，且对应飞船相对 Σ_e 的瞬时速度为 $v(t)$。绳长本身是固有长度，一旦随飞船运动，在 Σ_e 中必然存在 Lorentz 收缩 $d/\gamma(t) < d$。飞船间距则因飞船本身的机载程序保证不变（注意：此时的飞船间距 d 不再是固有长度），所以一旦绳长因为 Lorentz 收缩导致其中张力达到绳材的极限张力，绳子就会发生崩断。

2. 考虑瞬时静止惯性系 Σ_{IRF} 中的观者

在 t 时刻对应的飞船的瞬时静止惯性系 Σ_{IRF} 看来，飞船 S_2 的机鼻和飞船 S_1 的机尾坐标可由该瞬时飞船相对 Σ_{e} 的速度 $v(t)$ 作 Lorentz 变换得到

$$x'_{s_1} = \gamma(t)[x_{s_1} - v(t)t_{s_1}],\quad x'_{s_2} = \gamma(t)[x_{s_2} - v(t)t_{s_2}] \tag{3.3}$$

所以 $x'_{s_1} - x'_{s_2} = \gamma(t)[x_{s_1} - x_{s_2}] = \gamma(t)d > d$。注意该变换中 $t_{s_1} = t_{s_2}$，绳子两端在瞬时静止惯性系中看起来相对静止，故绳长仍为固有长度 d 保持不变，当加速导致 $[\gamma(t) - 1] \geqslant \chi \equiv \dfrac{d_{\max} - d}{d}$ 时，绳子崩断。式中，χ 为绳子的极限张力系数。

另外，Σ_{e} 参考系观者的同时性测量在 Σ_{IRF} 看来并不同时，因为同时性判断 $\Delta t = 0$ 并不是一个 Lorentz 不变的判断。具体来看，在 Σ_{IRF} 参考系中，t_{s_1}、t_{s_2} 对应的时间坐标分别为

$$t'_{s_1} = \gamma(t)\left[t_{s_1} - \frac{x_{s_1} v}{c^2}\right],\quad t'_{s_2} = \gamma(t)\left[t_{s_2} - \frac{x_{s_2} v}{c^2}\right]$$

$$\Delta t' = t'_{s_1} - t'_{s_2} = -\gamma(t)\frac{[x_{s_1} - x_{s_2}]v(t)}{c^2} = -\gamma(t)\frac{dv(t)}{c^2} < 0 \tag{3.4}$$

可见，在 Σ_{IRF} 的观者看来，Σ_{e} 系观者测量 S_1 机尾对应的时间要早于其测量左侧 S_2 机鼻对应的时间，因而测量到的两飞船间距 d 自然小于 Σ_{IRF} 中观者测得的结果 $\gamma(t)d$。实际上可由式(3.4)及 Σ_{IRF} 中观者测得的飞船间距推出 Σ_{e} 系观者的测量结果

$$\gamma(t)d + v(t)\Delta t' = \gamma(t)d\left[1 - \frac{v(t)^2}{c^2}\right] = \frac{d}{\gamma(t)} \tag{3.5}$$

3. 考虑反例，即绳子不会崩断的情形

此时要求瞬时静止参考系中两飞船间距不变，且处于加速运动状态。可考虑最简单的匀加速运动情形。注意由 Lorentz 变换可推论：若飞船在某一惯性参考系做匀加速运动，则在另一惯性参考系不可能保持匀加速运动。利用 Lorentz 的坐标变换式(2.21)可迅速给出速度、加速度的变换式。为简单计，我们仅考虑 1+1维的情形，即忽略与参考系间相对速度垂直方向的坐标变换

$$u' = \frac{u + v}{1 + \dfrac{uv}{c^2}},\quad a' = \frac{a}{\left(1 + \dfrac{uv}{c^2}\right)^3 \gamma^3} \tag{3.6}$$

注意：式(3.6)的速度叠加关系与式(2.17)是一致的，这是自然的，否则就不自洽了。且由加速度关系可知，若 $a = \dfrac{\mathrm{d}^2 x}{\mathrm{d}t^2}$ 为常数，则 $a' = \dfrac{\mathrm{d}^2 x'}{\mathrm{d}t'^2}$ 随着速度 $u = \dfrac{\mathrm{d}x}{\mathrm{d}t}$ 的增加而不断减小。这是由于狭义相对论中存在真空光速这一极限速度，粒子不可能在所有惯性系中一直保持匀加速运动，其加速度必然随着速度的增加而减小。这可

由粒子惯性的度量——质量 $m=\gamma m_0$ 随着粒子速度的增加而不断增加看出，即质量越大，加速越困难。

在与飞船共动参考系(共动参考系意味着 $u=0$)中假定其做匀加速运动，且加速度为 a_i，则由变换式(3.6)给出 $u'=v, a'=\frac{\mathrm{d}v}{\mathrm{d}t'}=\frac{a}{\gamma^3}$，由此得到惯性参考系中的速度、坐标分别为

$$u'_i=\frac{a_i t'_i}{\sqrt{1+\frac{(a_i t'_i)^2}{c^2}}},\quad x'_i=c^2\frac{\sqrt{1+\frac{(a_i t'_i)^2}{c^2}}}{a_i}+x'_{0i} \tag{3.7}$$

式(3.7)中的第一式要求 Σ_c 中初始速度为零；另外，初始位置可设定为 $x'_2(0)=0, x'_1(0)=d$，这给出 $x'_{01}=d-c^2/a_1, x'_{02}=-c^2/a_2$。显然，满足该初始条件设定的两坐标在加速度相同($a_1=a_2$)，且时刻相同($t'_1=t'_2$)时，其坐标差值 $x'_1-x'_2=d$ 恒定。注意：我们也可将式(3.7) 反过来用惯性参考系中的速度表达，即

$$t'_i=\frac{u'_i}{a_i\sqrt{1-\left(\frac{u'_i}{c}\right)^2}}=\gamma\frac{u'_i}{a_i},\quad x'_i=\frac{c^2}{a_i}[\gamma-1]+d\delta_{1i} \tag{3.8}$$

由式(3.8)或式(3.7)的第二式我们可得到匀加速运动粒子的空时曲线为双曲线，公式如下：

$$\frac{a_i^2[x'_i-x'_{0i}]^2}{c^2}-(a_i t'_i)^2=c^2 \tag{3.9}$$

由该曲线很容易参数化空时坐标 $x'_i-x'_{i0}=\frac{c^2}{a_i}\cosh\left[\frac{a_i\tau}{c}\right], t'_i=\frac{c}{a_i}\sinh\left[\frac{a_i\tau}{c}\right]$。这样得到的速度和加速度分别为 $u'_i=c\,\mathrm{th}\left[\frac{a_i\tau}{c}\right], a'_i=a\,\mathrm{sech}^3\left[\frac{a_i\tau}{c}\right]$，从而很容易得到 $\tau=0$ 对应的刚好也是坐标为零时 $t'_i=0$，速度 $u'_i=0$，且随固有时的增加而逐渐趋于光速 c；然而加速度 $a'_i|_{\tau=0}=a_i$，且随固有时增加逐渐减小趋于 0。另外，当变换速度相同时，由式(3.8)又可得出：$u'_1=u'_2=v$，对应的瞬时静止惯性系(IRF)中的时空间隔为

$$\begin{aligned}\Delta x&=\gamma[\Delta x'-v\Delta t']=\gamma d+c^2[1-\gamma]\delta\\ \Delta t&=\gamma\left[\Delta t'-\frac{v\Delta x'}{c^2}\right]=\gamma v\left[\delta-\frac{d}{c^2}\right]\end{aligned} \tag{3.10}$$

为使 IRF 中记录的时间差 $\Delta t=0$，要求 $\delta\equiv\left[\frac{1}{a_1}-\frac{1}{a_2}\right]=\frac{d}{c^2}$，将其回代入式(3.10)即可知飞船间距(相当于固有距离)为常数 d。然而若要保持飞船间固有距离为常数则要求两飞船的固有加速度不相等，显然右侧飞船的加速度小于左侧飞船，即

$a_1 < a_2$,且其与两飞船的固有距离 d 间满足 $d/c^2=\delta$。这时的惯性参考系中除零时刻外测量必然不是等时测量,右侧机尾测量时间要晚于左侧机鼻的测量时间,从而导致测得的间距 $\Delta x'=\gamma d>d$,这样的运动也称之为 Born 刚体运动[29]。这与 Bell 飞船加速恰恰相反。后者是维持地面惯性参考系测得的动体间距离不变,而非保持固有距离不变,参见文献[30]。

3.1.3 Thomas 进动

Thomas 进动[31]来于 Lorentz 群的非对易性。换言之,不同于转动,不同方向的转动操作的结果仍然是转动 $[J_i,J_j]=+\mathrm{i}\varepsilon_{ijk}J_k$,即转动群是 Lorentz 群的子群,两个垂直方向的连续推促[boost]操作除了产生推促效应本身外,还会附带产生一个转动。用 Lorentz 群的语言,即

$$[K_i,K_j]=-\mathrm{i}\varepsilon_{ijk}J_k \tag{3.11}$$

注意:Thomas 进动可以看作 Wigner 转动[32]一个体现。而 Wigner 转动深刻体现了狭义相对论的速度叠加律与 Galileo 速度叠加律的不同,这也反映了 Galileo 群代数与 Lorentz 群代数的不同。仍然假定两参考系 Σ 的 x 轴与 Σ' 的 x' 轴平行,且 Σ 相对于 Σ' 的运动速度 $\boldsymbol{v}\parallel\hat{e}_x$,即与 x 方向平行。

(1) 由坐标变换关系式(2.21)即可得速度、加速度叠加关系

$$\boldsymbol{u}'=\frac{\gamma[\boldsymbol{u}_\parallel+\boldsymbol{v}]+\boldsymbol{u}_\perp}{\gamma\left[1+\dfrac{\boldsymbol{v}\cdot\boldsymbol{u}}{c^2}\right]} \tag{3.12}$$

$$\boldsymbol{a}'=\frac{\gamma^{-1}\boldsymbol{a}_\parallel+\left[1+\dfrac{\boldsymbol{v}\cdot\boldsymbol{u}}{c^2}\right]\boldsymbol{a}_\perp-\left(\dfrac{\boldsymbol{v}\cdot\boldsymbol{a}}{c^2}\right)\boldsymbol{u}_\perp}{\gamma^2\left[1+\dfrac{\boldsymbol{v}\cdot\boldsymbol{u}}{c^2}\right]^3} \tag{3.13}$$

式中,$\boldsymbol{u}_\parallel\equiv\dfrac{(\boldsymbol{v}\cdot\boldsymbol{u})\boldsymbol{v}}{v^2}$,$\boldsymbol{u}_\perp\equiv\boldsymbol{u}-\boldsymbol{u}_\parallel$,类似地 $\boldsymbol{a}_\parallel\equiv\dfrac{(\boldsymbol{v}\cdot\boldsymbol{a})\boldsymbol{v}}{v^2}$,$\boldsymbol{a}_\perp\equiv\boldsymbol{a}-\boldsymbol{a}_\parallel$。有意思的是,在 Σ 参考系观者看来,即使粒子垂直于 $\boldsymbol{v}$ 方向加速度分量为零,$\boldsymbol{a}_\perp=0$,但只要其速度垂直分量及加速度平行分量非零,即 $\boldsymbol{u}_\perp\neq0$,$\boldsymbol{a}_\parallel\neq0$,则在 Σ' 参考系的观者看来,其与 $\boldsymbol{v}$ 垂直方向的加速度分量仍然非零,$\boldsymbol{a}'_\perp\neq0$。

(2) 考虑沿不同方向速度的合成。首先考虑最简单的相互“垂直”的速度的合成[在狭义相对论中两速度相互垂直仅在同一参考系中有明确定义,所以如图 3.2 所示的 $\boldsymbol{v}$,$\boldsymbol{u}$ 垂直实际上是变换到 Σ 参考系中的矢量 $(-\boldsymbol{v})\cdot\boldsymbol{u}=0$]。在图 3.2(彩图 2)中,假定参考系 $\Sigma[O,t,x,y,z]$ 相对于参考系 $\Sigma''[O'',t'',x'',y'',z'']$ 以速度 $\boldsymbol{v}$ 运动,而参考系 $\Sigma'[O',t',x',y',z']$ 相对于参考系 $\Sigma[O,t,x,y,z]$ 以速度 $\boldsymbol{u}$ 运动(为简单计,图 3.2 中未显示 y,y'',z 等坐标轴);那么参考系 Σ' 相对于参考系

Σ''的运动速度 $\boldsymbol{V}_{vu}$是多少？此即是图 3.2(a)所展示的场景。反过来，若 $\boldsymbol{v}$，$\boldsymbol{u}$ 互换则是图 3.2(b)展示的场景。显然，在牛顿力学中，两种情形对应的速度矢量必然相等，即 $\boldsymbol{V}_{vu}=\boldsymbol{V}_{uv}$。然而，我们将看到，狭义相对论的速度叠加给出了十分不同的结果。利用速度叠加关系，我们可得

$$\boldsymbol{V}_{vu}=\frac{\gamma_v\boldsymbol{v}+\boldsymbol{u}}{\gamma_v\left[1+\dfrac{\boldsymbol{v}\cdot\boldsymbol{u}}{c^2}\right]}=\boldsymbol{v}+\frac{\boldsymbol{u}}{\gamma_v},\quad \boldsymbol{V}_{uv}=\frac{\gamma_u\boldsymbol{u}+\boldsymbol{v}}{\gamma_u\left[1+\dfrac{\boldsymbol{u}\cdot\boldsymbol{v}}{c^2}\right]}=\boldsymbol{u}+\frac{\boldsymbol{v}}{\gamma_u} \tag{3.14}$$

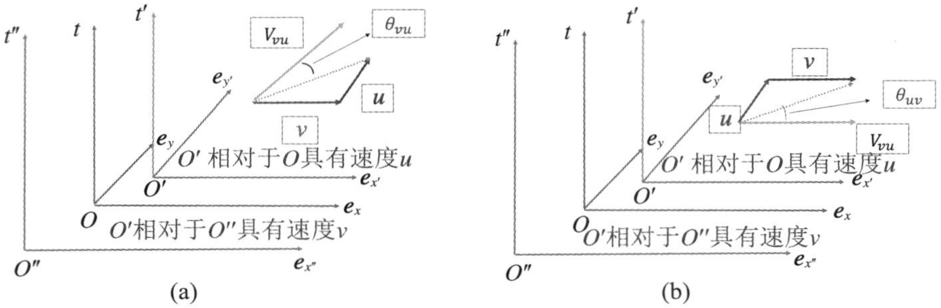

图 3.2　Wigner 转动的示意图

注：图(a)、图(b)中红色箭头表示参考系 $\Sigma[O,t,x,y,z]$相对于$\Sigma''[O'',t'',x'',y'',z'']$的速度，而蓝色箭头代表参考系 $\Sigma'[O',t',x',y',z']$相对于 $\Sigma[O,t,x,y,z]$的速度，黄色箭头则代表参考系 $\Sigma'[O',t',x',y',z']$相对于 $\Sigma''[O'',t'',x'',y'',z'']$的速度，分别用 $\boldsymbol{V}_{vu}$、$\boldsymbol{V}_{uv}$ 表示，其中淡蓝色虚线箭头代表牛顿力学速度矢量合成法则给出的预期矢量，该矢量和实际合成速度矢量间的夹角即 Wigner 转动角。图(a)、图(b) 的 Wigner 转角 θ_{vu}、θ_{uv} 的方向恰好相反，两者大小相同。

式中，$\gamma_v\equiv\gamma(\boldsymbol{v})$，$\gamma_u\equiv\gamma(\boldsymbol{u})$。注意，式(3.14)中每个等式的第二个等号可以简单理解为因纯粹的时间延迟效应垂直方向的速度(垂直方向的长度不存在 Lorentz 收缩等变化)要比运动参考系中的小。很显然，$\boldsymbol{V}_{vu}-\boldsymbol{V}_{uv}\neq\boldsymbol{0}$。两者间的夹角可由矢量代数得到

$$\sin\Theta=\frac{|\boldsymbol{V}_{vu}\times\boldsymbol{V}_{uv}|}{|\boldsymbol{V}_{vu}||\boldsymbol{V}_{uv}|}=\frac{|\boldsymbol{v}\times\boldsymbol{u}|\left[1-\dfrac{1}{\gamma_u\gamma_v}\right]}{|\boldsymbol{V}_{vu}||\boldsymbol{V}_{uv}|}=\frac{|\boldsymbol{v}||\boldsymbol{u}|\gamma_u\gamma_v}{c^2[1+\gamma_u\gamma_v]} \tag{3.15}$$

显然，上式对两速度是对称的，这正是所谓的 Wigner 转动角，即图 3.2 中所示的 $\theta_{uv}=\theta_{vu}$。接下来，考虑更一般的速度叠加，其速度表达式为

$$\boldsymbol{V}_{vu}=\frac{\gamma_v\boldsymbol{v}+\boldsymbol{u}+[\gamma_v-1]\dfrac{(\boldsymbol{v}\cdot\boldsymbol{u})\boldsymbol{v}}{|\boldsymbol{v}|^2}}{\gamma_v\left[1+\dfrac{\boldsymbol{v}\cdot\boldsymbol{u}}{c^2}\right]},\quad \boldsymbol{V}_{uv}=\frac{\gamma_v\boldsymbol{u}+\boldsymbol{v}+[\gamma_u-1]\dfrac{(\boldsymbol{v}\cdot\boldsymbol{u})\boldsymbol{u}}{|\boldsymbol{u}|^2}}{\gamma_u\left[1+\dfrac{\boldsymbol{v}\cdot\boldsymbol{u}}{c^2}\right]} \tag{3.16}$$

因其推导较为繁复,感兴趣的读者可自行推导,或参看文献[33]。

接下来,我们讨论与 Wigner 转动紧密相关的一个相对论效应——Thomas 进动。实际上,假定 $\boldsymbol{u}=\mathrm{d}\boldsymbol{v}$ 并由转角式(3.15)且赋予转角方向为 $-\dfrac{\boldsymbol{v}\times\boldsymbol{u}}{|\boldsymbol{v}|\boldsymbol{u}}$,然后对时间做微分立即可得

$$\boldsymbol{\omega}=\frac{\mathrm{d}\boldsymbol{\Theta}}{\mathrm{d}t}=\frac{\left(\dfrac{\mathrm{d}\boldsymbol{v}}{\mathrm{d}t}\times\boldsymbol{v}\right)\left(1-\dfrac{1}{\gamma_v}\right)}{\boldsymbol{v}^2}=\frac{\gamma_v(\boldsymbol{a}\times\boldsymbol{v})}{c^2[1+\gamma_v]} \tag{3.17}$$

其中仅保留了线性项且有近似,$\gamma_{\mathrm{d}v}\approx1,\sin[\mathrm{d}\Theta]\approx\mathrm{d}\Theta$。注意到式(3.17)是相对参考系 Σ'' 的进动角速度,若转换到 Σ 系中,因考虑时延效应,$\boldsymbol{\omega}=\dfrac{\mathrm{d}\boldsymbol{\Theta}}{\mathrm{d}\tau}=\dfrac{\gamma_v^2(\boldsymbol{a}\times\boldsymbol{v})}{c^2[1+\gamma_v]}=\dfrac{\gamma_v-1}{c^2\boldsymbol{v}^2}(\boldsymbol{a}\times\boldsymbol{v})$,其中 $\mathrm{d}\tau=\mathrm{d}t/\gamma_v$。

我们注意到在四维 Minkowski 时空中,坐标变换式(2.21)非常类似于转动,尤其是注意到 $\cos(\mathrm{i}\theta)=\mathrm{ch}\,\theta,\sin(\mathrm{i}\theta)=\mathrm{ish}(\theta)$并定义 $\mathrm{ch}\,\xi=\gamma,\mathrm{sh}\,\xi=\gamma\dfrac{v}{c}$,其中 $\xi=\tanh^{-1}\dfrac{v}{c}$为快度(rapidity)。我们可用旋量表示的代数推导更加紧凑地推导出 Thomas 进动,从中也更容易了解 Thomas 进动的物理含义。注意对旋量可定义转动及 boost 矩阵如下:

$$R[\boldsymbol{\theta}]=\exp\left[-\frac{\mathrm{i}}{2}\theta\boldsymbol{n}\cdot\boldsymbol{\sigma}\right],\quad L|\boldsymbol{\xi}|=\exp\left[\frac{1}{2}\xi\boldsymbol{n}\cdot\boldsymbol{\sigma}\right] \tag{3.18}$$

式中,$\boldsymbol{\theta}=\theta\boldsymbol{n},\boldsymbol{\xi}=\xi\boldsymbol{n}$,$\boldsymbol{n}$ 为标记转动或推促方向的单位矢量。任一 4-矢量 $\boldsymbol{x}^\mu\equiv(ct,\boldsymbol{x})$均可表述为 2×2 矩阵 $\boldsymbol{X}=ct\,\hat{1}+\boldsymbol{x}\cdot\boldsymbol{\sigma}$,那么沿 $\boldsymbol{n}$ 轴转动θ 角及沿$\boldsymbol{n}$ 方向推促到速度 $v=\tanh\xi$ 所给出的两个新矢量的对应矩阵可分别表述为

$$\boldsymbol{X}'=R[\boldsymbol{\theta}]\boldsymbol{X}R^\dagger[\boldsymbol{\theta}]=R[\boldsymbol{\theta}]\boldsymbol{X}R[-\boldsymbol{\theta}] \tag{3.19}$$

$$\boldsymbol{X}'=L[\boldsymbol{\xi}]\boldsymbol{X}L^\dagger[\boldsymbol{\xi}]=L[\boldsymbol{\xi}]\boldsymbol{X}L[\boldsymbol{\xi}] \tag{3.20}$$

利用下式

$$x'^0=\frac{1}{2}\mathrm{tr}[\boldsymbol{X}'],\quad x'^i=\frac{1}{2}\mathrm{tr}[\boldsymbol{X}'\sigma^i],\quad i=1,2,3 \tag{3.21}$$

并由式(3.19)和式(3.20)马上可得转动和推促对应的新 4-矢量 $\boldsymbol{x}'^\mu$,其中利用了 $\mathrm{tr}[\hat{1}]=2,\mathrm{tr}[\boldsymbol{\sigma}]=0$。读者可自行验证由此得到的 4-矢量 $\boldsymbol{x}'^\mu$ 与 $\boldsymbol{x}^\mu$ 间的变换关系确实分别对应转动和推促变换。

例如,考虑无穷小转动,对应转动矩阵(3.18)可保留到一阶无穷小

$$R[\mathrm{d}\boldsymbol{\theta}]=\exp\left[-\frac{\mathrm{i}}{2}\mathrm{d}\theta\boldsymbol{n}\cdot\boldsymbol{\sigma}\right]=\hat{1}-\frac{\mathrm{i}}{2}\mathrm{d}\theta\boldsymbol{n}\cdot\boldsymbol{\sigma} \tag{3.22}$$

将其代入式(3.19)可得

$$ct' = ct, \quad \boldsymbol{x}' = \boldsymbol{x} - \boldsymbol{x} \times \boldsymbol{n}\mathrm{d}\theta \tag{3.23}$$

同样,考虑两个连续的推促操作:$L[\boldsymbol{v}]$,$L_v[\mathrm{d}\boldsymbol{v}]$,其中 $L_v[\mathrm{d}\boldsymbol{v}]$的下标表示此为在第一个推促$L[\boldsymbol{v}]$操作基础上的再推促。由之前讨论过的 Wigner 转动可知

$$L_v[\mathrm{d}\boldsymbol{v}]L[\boldsymbol{v}] = L[\boldsymbol{v} + \mathrm{d}\boldsymbol{v}]R[\boldsymbol{\omega}\mathrm{d}t] \tag{3.24}$$

式中,$\boldsymbol{\omega}\mathrm{d}t$ 即对应 Wigner 转动的转角。对于以速度 $\boldsymbol{v}$ 相对于Σ''运动的 Σ 参考系中的推促操作 $L_v[\mathrm{d}\boldsymbol{v}]$,可以用如下方式理解:显然 Σ 参考系中的推促$L_v[\mathrm{d}\boldsymbol{v}]$不同于$\Sigma''$参考系中的推促 $L[\mathrm{d}\boldsymbol{v}]$,然而我们可先将其作反推促操作 $L^{-1}[\boldsymbol{v}]$从Σ 参考系拉回到Σ''静止参考系,尔后作推促操作 $L[\mathrm{d}\boldsymbol{v}]$,再作推促操作 $L[\boldsymbol{v}]$从Σ''静止参考系重新推回到 Σ 参考系,即

$$L_v[\mathrm{d}\boldsymbol{v}] = L[\boldsymbol{v}]L[\mathrm{d}\boldsymbol{v}]L^{-1}[\boldsymbol{v}] = L[\boldsymbol{v}]L_v[\mathrm{d}\tau\boldsymbol{a}_c]L^{-1}[\boldsymbol{v}] \tag{3.25}$$

其中 $L_v[\mathrm{d}\tau\boldsymbol{a}_c] = L[\mathrm{d}\boldsymbol{v}]$,其下标标记实际是在 Σ 参考系加速得到 $\mathrm{d}\boldsymbol{v} = \boldsymbol{a}_c\mathrm{d}\tau$。注意 $\boldsymbol{a}_c$ 是指共动参考系中给出的加速度。将上式代回到式(3.24)从而得到

$$\begin{gathered}L_v[\mathrm{d}\boldsymbol{v}]L[\boldsymbol{v}] = L[\boldsymbol{v} + \mathrm{d}\boldsymbol{v}]R[\boldsymbol{\omega}\mathrm{d}t] = L[\boldsymbol{v}]L_v[\mathrm{d}\tau\boldsymbol{a}_c] \Leftrightarrow \\ L[-\boldsymbol{v}]L[\boldsymbol{v} + \mathrm{d}\boldsymbol{v}] = L_v[\mathrm{d}\tau\boldsymbol{a}_c]R[-\boldsymbol{\omega}\mathrm{d}t]\end{gathered} \tag{3.26}$$

标记 $\boldsymbol{n} \equiv \dfrac{\boldsymbol{v}}{|\boldsymbol{v}|}$,$\boldsymbol{n} + \mathrm{d}\boldsymbol{n} \equiv \dfrac{\boldsymbol{v} + \mathrm{d}\boldsymbol{v}}{|\boldsymbol{v} + \mathrm{d}\boldsymbol{v}|}$,且$\dfrac{|\boldsymbol{v}|}{c} \equiv \sinh|\xi|$,$\dfrac{|\boldsymbol{v} + \mathrm{d}\boldsymbol{v}|}{c} \equiv \sinh[\xi + \mathrm{d}\xi]$。将转动和推促的旋量矩阵表达式(3.18)代入式(3.26),可得

$$\begin{aligned}&\left(\mathrm{ch}\left[\frac{\xi}{2}\right] - (\boldsymbol{n} \cdot \boldsymbol{\sigma})\mathrm{sh}\left[\frac{\xi}{2}\right]\right)\left(\mathrm{ch}\left[\frac{\xi'}{2}\right] + (\boldsymbol{n}' \cdot \boldsymbol{\sigma})\mathrm{sh}\left[\frac{\xi'}{2}\right]\right) \\ &= \left(1 + \frac{\boldsymbol{a}_c \cdot \boldsymbol{\sigma}\mathrm{d}\tau}{2c}\right)\left(1 + \mathrm{i}\frac{\boldsymbol{\omega} \cdot \boldsymbol{\sigma}\mathrm{d}t}{2}\right)\end{aligned} \tag{3.27}$$

注意 $\boldsymbol{n} \cdot \mathrm{d}\boldsymbol{n} = \dfrac{1}{2}\mathrm{d}(\boldsymbol{n} \cdot \boldsymbol{n}) = 0$,并仅保留计算结果到一阶小量,例如 $\boldsymbol{n}' = \boldsymbol{n} + \mathrm{d}\boldsymbol{n}$,及 $\mathrm{ch}\left[\dfrac{\xi'}{2}\right] = \mathrm{ch}\left[\dfrac{\xi}{2}\right] + \dfrac{\mathrm{d}\xi}{2}\mathrm{sh}\left[\dfrac{\xi}{2}\right]$,$\mathrm{sh}\left[\dfrac{\xi'}{2}\right] = \mathrm{sh}\left[\dfrac{\xi}{2}\right] + \dfrac{\mathrm{d}\xi}{2}\mathrm{ch}\left[\dfrac{\xi}{2}\right]$,可将上式化简得到

$$\begin{aligned}&\left(\mathrm{ch}\left[\frac{\xi}{2}\right]\mathrm{sh}\left[\frac{\xi}{2}\right]\mathrm{d}\boldsymbol{n} + \frac{\mathrm{d}\xi}{2}\boldsymbol{n} - \mathrm{i}\,\mathrm{sh}^2\left[\frac{\xi}{2}\right](\boldsymbol{n} \times \mathrm{d}\boldsymbol{n})\right) \cdot \boldsymbol{\sigma} \\ &= \frac{1}{2}\left[\frac{\boldsymbol{a}_c \cdot \mathrm{d}\tau}{c} + \mathrm{i}\boldsymbol{\omega}\mathrm{d}t\right] \cdot \boldsymbol{\sigma}\end{aligned} \tag{3.28}$$

该式子包含了实、虚部两个等式,简化后即

$$\boldsymbol{a}_c/c = \mathrm{sh}[\xi]\frac{\mathrm{d}\boldsymbol{n}}{\mathrm{d}\tau} + \frac{\mathrm{d}\xi}{\mathrm{d}\tau}\boldsymbol{n}, \quad \boldsymbol{\omega} = 2\,\mathrm{sh}^2\left[\frac{\xi}{2}\right]\left(\frac{\mathrm{d}\boldsymbol{n}}{\mathrm{d}t} \times \boldsymbol{n}\right) \tag{3.29}$$

注意若将 $\mathrm{ch}[\xi] = \gamma$,$\mathrm{sh}[\xi] = \gamma v/c$ 代入式(3.29),即可得

$$\boldsymbol{\omega} = \frac{\gamma - 1}{v^2}\boldsymbol{a} \times \boldsymbol{v} = \frac{\gamma^2}{(\gamma + 1)c^2}\boldsymbol{a} \times \boldsymbol{v} \tag{3.30}$$

其中加速度已变换回静止参考系 $\gamma \boldsymbol{a} = \boldsymbol{a}_c$。式(3.30)表示的即是 Thomas 进动的角速度矢量。

当然，我们要问 Thomas 进动具体是指什么物理量的进动。我们自然知道在磁场中电子自旋会发生进动，

$$\frac{\mathrm{d}\boldsymbol{S}}{\mathrm{d}t} = \frac{1}{\mathrm{i}}[\boldsymbol{S}, -\boldsymbol{\mu} \cdot \boldsymbol{B}] = \boldsymbol{S} \times \gamma_e \boldsymbol{B} \tag{3.31}$$

式中，$\boldsymbol{\mu} = \gamma_e \boldsymbol{S}$ 为电子的磁矩，γ_e 为电子的旋磁比，此式表明在磁场中的电子自旋 $\boldsymbol{S}$ 的进动角速度为 $\gamma_e \boldsymbol{B}$。类似地，Thomas 进动最初也是指电子的自旋进动，然而产生进动的磁场来源于原子核的库仑(Coulomb)作用。考虑最简单的氢原子，在原子的经典图像中可认为由于 Coulomb 作用电子将绕氢核(即质子)旋转。然而在电子的静止参考系看来是氢核绕着电子旋转，带电粒子氢核的运动(电流)必然产生磁场，因此将导致电子的固有磁矩和其感受到的由于氢核运动产生的磁场间的磁偶极作用①

$$\hat{H}_I = -\boldsymbol{\mu} \cdot \boldsymbol{B} = \frac{g_e \alpha \hbar}{2m^2 c r^3}\boldsymbol{s} \cdot \boldsymbol{l} \tag{3.32}$$

然而由此计算给出原子光谱的自旋-轨道劈裂的精细结构能级和实验不符[35]。计及了相对论效应后 Thomas 给出的自旋-轨道耦合[31]和式(3.32)相比多一个$\frac{1}{2}$因子，由此给出与实验符合的结果。

实际上，Thomas 进动是一个纯粹的相对论效应，并不限于电子的磁偶极作用。Thomas 进动实际上是随动坐标架存在转动自由度的体现。考虑任一有质量粒子的世界线 $x^\mu(\tau)$，我们可建立四标架场(tetrad)$\{e_0, e_1, e_2, e_3\}$，参见图 3.3(彩图 3)。其中 $e_0(\tau) = u^\mu(\tau)$与粒子的世界线相切，且垂直于图中黄色边界标识的超平面$\Xi(\tau)$，4 个标架矢量中的类空矢量$\{e_i(\tau)/i = 1,2,3\}$张成超平面$\Xi(\tau)$，构成该空间超平面 $\Xi(\tau)$的正交基矢量，而$\{e_a(\tau)\} = \{e_0, e_i/i = 1,2,3\}$则构成该事件点$x^\mu(\tau)$处的正交四标架[$\{e_a\}$，$a = 0,1,2,3$ 中的每一个都是一个 4-矢量，如 $e_0 = u^\mu$，$e_i = e^\mu_{\hat{i}}$，…，下标 a 标记四标架中的某一个，而非空时指标，注仅在确需区分由希腊字母标记的四标架的空时指标和由字母表的前几个拉丁字母标记的 4-标架指标(或切空间指标)时，我们在后者的字母上加上^，如 $e^\mu_{\hat{a}}$]。若要考虑自旋矢量 S^μ 的变化，很显然应考虑自旋标量，即其在瞬时静止参考系中的空间投影

① 具体推导可参见文献[34]。

才更有意义，也更加方便。此时得到的是自旋矢量在该事件点空间超平面的投影，即 $S_{\hat{a}}=(S,e_{\hat{a}})\equiv S^{\mu}e^{\nu}_{\hat{a}}g_{\mu\nu}=S_{\mu}e^{\mu}_{\hat{a}}$。显然，由 $S_{\mu}u^{\mu}=0$ 可知 $S_{\hat{0}}=0$，故 $S_{\hat{a}}=(0,S_{\hat{i}})$。此时有

$$\frac{\mathrm{d}}{\mathrm{d}t}S_{\hat{i}}=\frac{\mathrm{d}S_{\mu}}{\mathrm{d}\tau}e^{\mu}_{\hat{i}}+S_{\mu}\frac{\mathrm{d}e^{\mu}_{\hat{i}}}{\mathrm{d}\tau}=S_{\mu}\frac{\mathrm{d}e^{\mu}_{\hat{i}}}{\mathrm{d}\tau} \tag{3.33}$$

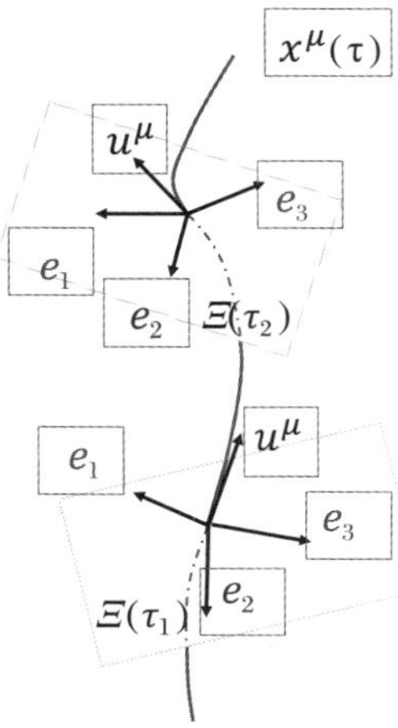

图 3.3　四标架场随粒子运动在时间线上的演化示意

注：图中 $x^{\mu}(\tau)$ 代表某一有质量粒子的世界线，而 $u^{\mu}=\frac{\mathrm{d}x^{\mu}}{\mathrm{d}\tau}$ 代表其 4-速度，其与粒子世界线相切，且垂直于四标架的 3 个正交空间矢量 $\{e_i/i=1,2,3\}$ 张成的超平面[图中以黄色边界的平面 $\Xi(\tau_1)$，$\Xi(\tau_2)$ 标识]。

式中，$\frac{\mathrm{d}S_{\mu}}{\mathrm{d}\tau}=0$ 是假定无外力矩作用下，粒子自由旋进。这是因为 Thomas 进动是相对论运动学效应，因而无须考虑外力矩从而使问题复杂化。注意到对于单位正交 4-矢量，其微分仍是一个 4-矢量因而可表示为该（事件）点处四标架 $\{e_a\}$，$a=0,1,2,3$ 的线性组合，即

$$\frac{\mathrm{d}e^{\mu}_{\hat{i}}}{\mathrm{d}\tau}=\Omega_{\hat{i}}^{\ \hat{j}}e^{\mu}_{\hat{j}}+\Phi_{\hat{i}}^{\ \hat{0}}e^{\mu}_{\hat{0}} \tag{3.34}$$

凭直观可以想象，任意一个空间 4-矢量 $a^{\mu}(\tau+\mathrm{d}\tau)$[如 $e^{\mu}_{\hat{i}}(\tau+\mathrm{d}\tau)$]在 $\tau+\mathrm{d}\tau$ 时刻将处于空间超平面 $\Xi(\tau+\mathrm{d}\tau)$ 中，又因为时间变化 $\mathrm{d}\tau$ 为无穷小量，可认为超平面 $\Xi(\tau+\mathrm{d}\tau)$ 和超平面 $\Xi(\tau)$ 相比法线方向变化很小，因而空间 4-矢量 $e^{\mu}_{\hat{i}}(\tau+\mathrm{d}\tau)$ 相对于 $e^{\mu}_{\hat{i}}(\tau)$ 的变化 $\mathrm{d}e^{\mu}_{\hat{i}}$ 垂直于空间超平面 $\Xi(\tau)$，故可知 $e^{\mu}_{\hat{0}}\propto u^{\mu}$，当然由之前给出的四标架的定义我们亦可知 $e^{\mu}_{\hat{0}}=u^{\mu}$。又由 $(e_{\hat{i}},e_{\hat{j}})=\delta_{ij}$ 可知 $\Omega_{\hat{i}\hat{j}}=\eta_{\hat{j}\hat{k}}\Omega_{\hat{i}}^{\ \hat{k}}$ 关于下指标反对称，即 $\Omega_{\hat{i}\hat{j}}+\Omega_{\hat{j}\hat{i}}=0$（注意此处度规 $\eta_{\hat{j}\hat{k}}=\delta_{\hat{j}\hat{k}}$，$\eta_{\hat{0}\hat{0}}=-1$）。故由式

(3.34)可得到

$$\frac{de^{\mu}_{\hat{i}}}{d\tau} = \Omega_{\hat{i}\hat{j}} e^{\mu}_{\hat{j}} + \Phi_{\hat{i}}^{\hat{0}} u^{\mu} \Rightarrow \omega_k = \frac{1}{2}\varepsilon_{ijk} \frac{de^{\mu}_{\hat{i}}}{d\tau} e_{\mu\hat{j}} \tag{3.35}$$

其中我们定义了一个赝矢量 $\omega_k \equiv \frac{1}{2}\varepsilon_{ijk}\Omega_{\hat{i}\hat{j}}$，且利用了正交关系 $(e_{\hat{0}}, e_{\hat{j}}) = u^{\mu} e_{\mu\hat{j}} = 0$。实际上，等式(3.34)因缘于一个更一般的表述，即

$$\frac{de^{\mu}_{\hat{a}}}{d\tau} = \Phi_{\hat{a}}^{\hat{b}} e^{\mu}_{\hat{b}} \tag{3.36}$$

式中，$\Phi_{\hat{i}}^{\hat{j}} = \Omega_{\hat{i}\hat{j}}$，且类似于 $\Omega_{\hat{i}\hat{j}}$，由 $(e_{\hat{a}}, e_{\hat{b}}) = \eta_{ab}$ 可得 $\Phi_{\hat{a}\hat{b}} = -\Phi_{\hat{b}\hat{a}}$ 为反对称加速度张量。其中由上述讨论式(3.35)可知 $\Phi_{\hat{i}}^{\hat{j}} = \Omega_{\hat{i}\hat{j}}$ 定义了四标架相对于局域无旋转标架(此处的"局域无旋转"即沿着粒子的世界线从某初始事件点的瞬时静止参考系对任一空间矢量作一系列的纯粹推促操作移动到目标事件点的平移操作，该"平移"确保空间矢量在移动中尽可能无额外转动。注意：此处的"平移"并非遵从测地线运动的平行移动，而是 Fermi-Walker 移动，其定义见脚注①。而之所以仍然有所谓的转动则是源于共动观测者在粒子世界线上的任一时刻均可自由选择空间超平面上的三个正交基矢量)的旋转加速度，而 $\Phi_{\hat{0}}^{\hat{j}} = a^j$ 代表了加速度 3-矢量②。实际上，了解微分几何的读者可将方程式(3.36)看作四维赝 Riemann 空间的 Frenet 标架方程[36]。将式(3.34)代入方程式(3.33)并注意到 $e^{\mu}_{\hat{0}} S_{\mu} = S_{\hat{0}} = 0$，可得自旋③进动方程

$$\frac{d}{d\tau} S_{\hat{i}} = \Omega_{\hat{i}\hat{j}} S_{\hat{j}} = (\boldsymbol{S} \times \boldsymbol{\omega})^i \tag{3.38}$$

将方程式(3.33)与量子力学的自旋进动方程式(3.31)比较可知 $\boldsymbol{\omega}$ 即自旋进动的角速度矢量，其大小由方程式(3.35)给出。

---

① 若任一 4-矢量 $\boldsymbol{A} = A^{\hat{a}} e^{\mu}_{\hat{a}}$ 沿着某观测者的运动曲线满足

$$\frac{d\boldsymbol{A}}{d\tau} = (\boldsymbol{b}, \boldsymbol{A})\boldsymbol{u} - (\boldsymbol{u}, \boldsymbol{A})\boldsymbol{b} \tag{3.37}$$

其中 $\boldsymbol{u} = u^{\hat{a}} e^{\mu}_{\hat{a}}$，$\boldsymbol{b} = \frac{d\boldsymbol{u}}{d\tau}$ 分别为观测者沿该曲线的 4-速度矢量和 4-加速度矢量，则称 $\boldsymbol{A}$ 沿该曲线做 Fermin-Walker 移动。显然若粒子加速度 $\boldsymbol{b} = 0$，则 Fermi-Walker 移动退化为平行移动。

② 此处以 3-矢量区分 4-矢量，如 u^{μ}。4-矢量通常指空时矢量，而 $a^j = \frac{du^{\mu}}{d\tau} e_{\mu\hat{j}}$ 代表的是超平面上的空间 3-矢量，却是时空流形上的标量。一般而言，仅有拉丁指标而无希腊指标的，如 a^j，Ω^{ij} 均为时空标量，是空时坐标变换的标量，却是局域 Lorentz 变换的矢量或张量。

③ 此处的自旋不必是电子等亚原子粒子的内禀自旋(因而严格讲是量子力学的算符表示)，可以是经典粒子的自旋。

接下来,我们可利用 Lorentz 变换得到四标架的具体表示。在瞬时静止参考系中,观测者的四标架因满足正交归一要求,可简单写为 $\lambda^{\mu}_{\ \hat{a}} = \delta^{\mu}_{\ \hat{a}}$。而后我们利用 Lorentz 变换的反向推促 $L(-\boldsymbol{v})$[由方程(2.21)给出]作用到四标架 $\lambda^{\mu}_{\ \hat{a}}$ 可得 $e^{\mu}_{\ \hat{a}} = L(-\boldsymbol{v})^{\hat{b}}_{\ \hat{a}}\lambda^{\mu}_{\ \hat{b}}$,写成分量形式即

$$e^{\mu}_{\ \hat{0}} = \gamma\left(1, \frac{\boldsymbol{v}}{c}\right), \quad e^{\mu}_{\ \hat{i}} = \delta^{\mu}_{\ \hat{i}} + v^{i}\left(\frac{\gamma}{c}, \frac{\gamma - 1}{\boldsymbol{v}^2}\boldsymbol{v}\right) \tag{3.39}$$

代入式(3.35)直接计算①即可以得到 Thomas 进动的角速度,参见方程(3.30)。

3.1.4 Sagnac 效应

Sagnac 效应简单讲是指两束沿环路反向传播的光在环路发生转动时产生相位差的现象。Sagnac 效应本质上来源于转动引起的顺时针和逆时针间产生的光传播的不对称性。该效应最初由法国科学家 Sagnac[37] 发现,有趣的是,Sagnac 恰恰想用该实验来反对狭义相对论[38]。关于 Sagnac 效应的简短历史性介绍,有兴趣的读者可参看文献[38]、[39]。十分有趣的是,如孪生子佯谬一样,许多文献仍然声称 Sagnac 效应只能在广义相对论的框架下才能得到合理解释,但实际并非如此。当然不可否认,在广义相对论框架下,Sagnac 效应能够得到更简洁普适的阐释,然而这并非因为狭义相对论对解释非惯性运动无能为力。恰恰相反,后面可看到 Sagnac 效应完全可在狭义相对论的框架下描述。在此之前,我们先略微介绍下 Sagnac 效应的特点及应用。两束沿环路反向传播的光在环路转动时产生的相位差为

$$\Delta\phi_{\gamma} = \frac{4\omega(\boldsymbol{A} \cdot \boldsymbol{\Omega})}{c^2} \tag{3.40}$$

该相差仅与转动角速度在光传播的环路所在平面的投影及环路面积有关,与光路长度无关,且理论上讲也与在环路中传播的粒子的波长无关。故对于有质量粒子,如中子、原子,其 Sagnac 相移为

$$\Delta\phi = \frac{4nE(\boldsymbol{A} \cdot \boldsymbol{\Omega})}{\hbar c^2} \tag{3.41}$$

式中,$E = mc^2$ 代表粒子的能量,对于光子 $E = \hbar\omega$,n 代表粒子绕转圈数,如式(3.40)代表沿环路绕转一圈,而 $n = \frac{1}{2}$ 代表绕转半圈,这对应于目前的大多数原子干涉仪。因为 Sagnac 效应仅与环路,即与粒子干涉装置固连的平台相对于惯性参考系的转动角速度有关,故可用于惯性导航。因为光路本身不存在可动机械部

① 只需保留对拉丁指标 i,j 的反对称部分即可。

件，且光学干涉测量的精度很高，这使得基于Sagnac效应的光学陀螺仪①可以达到很高的导航精度，例如，高精度光纤陀螺的灵敏度可达 10^{-8} rad/s/$\sqrt{\text{Hz}}$[40]，而大型激光陀螺的灵敏度可达 3×10^{-9} rad/s/$\sqrt{\text{Hz}}$[39]②。

接下来，我们先利用环形干涉仪简要推导出Sagnac相移。尔后我们将从群结构出发再次给出Sagnac相移，由此更容易看出该相移背后的物理意义，即Sagnac效应是纯粹的相对论运动学效应，和具体干涉粒子的种类、特性无关③。我们假定光沿半径为 R 的环形电介质（介质折射率为 n）传播。当介质环路静止时，光绕行一圈所需的时间为 $t_0=\dfrac{2\pi R}{c/n}$（此时不分顺/逆时针，因为两方向的运动完全对称）。但当介质环绕环心以恒定角速度 Ω 顺时针方向转动④时，某惯性观测者 O 测得的沿顺时针和沿逆时针方向绕行的光的光速分别为

$$u_{\text{cw}}=\frac{c/n+R\Omega}{1+R\Omega/nc} \tag{3.42}$$

$$u_{\text{ccw}}=\frac{c/n-R\Omega}{1-R\Omega/nc} \tag{3.43}$$

以上沿顺、逆时针绕行的光相对惯性观测者 O 沿环的切向速度来源于相对论速度叠加公式(3.12)。然而，此时在惯性观测者 O 看来，光绕行一圈回到介质环上的出发点，其轨迹不再是形成顺、逆时针方向绕行的圆环这么简单。以下分别考虑沿顺时针(CW)和逆时针(CCW)传播的光束如下：

(1) 对惯性观测者 O 而言，CW光在经过时间 t_{cw} 走完一圈回到相对 O 静止惯性系原点时（即走完 2π 弧度），介质原点已经沿顺时针方向移动了 Ωt_{cw} 弧度，所以CW光束追上转动原点所花时间满足以下关系：

$$u_{\text{cw}}t_{\text{cw}}=(2\pi+\Omega t_{\text{cw}})R \tag{3.44}$$

(2) 类似地，对惯性观测者 O，CCW光在经过时间 t_{ccw} 尚未走完 2π 弧度即遇到了相向运动（顺时针方向）的介质环原点，此时满足

$$u_{\text{ccw}}t_{\text{ccw}}=(2\pi-\Omega t_{\text{ccw}})R \tag{3.45}$$

由此得到沿顺时针和逆时针方向传播的两束光波分别回到发射点的时间为

---

① 包括光纤陀螺仪和激光陀螺仪，前者基于Sagnac相移的干涉测量，而后者基于因Sagnac相移带来的光学谐振腔的激光频移测量。

② 大致为 1×10^{-5} deg/$\sqrt{\text{h}}$，相当于一小时积分时间对应测量精度可达 5×10^{-11} rad/s。

③ 当然在特定构型下，不同干涉粒子对转动响应的灵敏度显然有区别，这也正是基于量子力学的de Broglie物质波型陀螺（包括原子陀螺、液氦陀螺等）成为最近研究热点的原因。

④ 逆时针分析类似，只是相当于选定的旋转对称性破缺方向不同而已。

$$t_{\mathrm{cw}} = \frac{2\pi R}{u_{\mathrm{cw}} - \Omega R} \tag{3.46}$$

$$t_{\mathrm{ccw}} = \frac{2\pi R}{u_{\mathrm{ccw}} + \Omega R} \tag{3.47}$$

由此可得反向传播的两束光波返回出发点所对应的时间差为

$$\delta t = t_{\mathrm{cw}} - t_{\mathrm{ccw}} = 2\pi R \frac{u_{\mathrm{ccw}} - u_{\mathrm{cw}} + 2R\Omega}{(u_{\mathrm{cw}} + R\Omega)(u_{\mathrm{ccw}} - R\Omega)} \tag{3.48}$$

将式(3.42)、式(3.43)代入式(3.48),可得

$$\delta t = 2\pi R \frac{2R\Omega/c^2}{[1 - (R\Omega/c)^2]} = 4\gamma^2 \frac{A\Omega}{c^2} \tag{3.49}$$

其中我们定义了环形光路的面积 $A = \pi R^2$,并定义了沿环路某点切向运动的瞬时静止惯性系相对于惯性观测者 O 的 Lorentz 变换 γ 因子 $\gamma = 1/\sqrt{1-(R\Omega/c)^2}$。由此可得两束逆向传播的光束从环中同一点出发返回原点时由于环本身的旋转引起的相位差为

$$\delta\phi_{\mathrm{Sag}} = \omega\delta t/\gamma = \frac{4\omega A\Omega/c^2}{[1 - (R\Omega/c)^2]^{\frac{1}{2}}} \approx \frac{4\omega A\Omega}{c^2} \tag{3.50}$$

式中,$\Delta t = \delta t/\gamma$ 代表了在圆环瞬时静止参考系看到的时间差,由于时间膨胀效应比惯性参考系 O①测得的时间 δt 小一个 γ 因子。与之对应,ω 也是环路静止时对应的光频率。因为干涉相移本身是 Lorentz 不变的标量,故而最终结果在任一参考系都是成立的。注意,最后一个等式取了慢转动近似,即只保留 $R\Omega/c \ll 1$ 的一阶项。由式(3.50)可见 Sagnac 效应与介质折射率 n 无关。可以进一步证明②,该效应也与环路构型无关,而仅与干涉波的频率 ω 以及环路张成的面积在角速度方向的投影 $\boldsymbol{A}\cdot\boldsymbol{\Omega}$ 有关。Sagnac 效应在环形干涉仪上的示意如图 3.4(彩图 4)所示。

现在我们从群结构的角度重新回顾一下 Sagnac 效应,下文的推演主要基于文献[43]。首先注意到不考虑时间和空间反演,正规正定 Lorentz 群(proper orthochronous Lorentz group)包含 6 个生成元,分别是 3 个转动生成元 J^i 和 3 个推促生成元 K^i,其中 $i = 1,2,3$;再加上 4 个时空平移对称性生成元 $P^\mu \equiv (P^0, \boldsymbol{P}) = (H, \boldsymbol{P})$,共 10 个生成元构成 Poincaré 群。它们满足如下群代数:

$$[P^\mu, P^\nu] = 0, \quad [J^i, J^j] = \mathrm{i}\varepsilon_{ijk}J^k, \quad [K^i, K^j] = -\mathrm{i}\varepsilon_{ijk}J^k$$

---

① 若转速较大,远大于地球转速,且转动测量精度要求不高,可认为是实验室惯性系,如环路干涉装置置于转盘上的实验。

② 感兴趣的读者可参见文献[41],这是一个简单的由 Aharonov-Bohm 效应的类比给出的推导,另外,也可参见基于广义相对论的推导[42]。

$$[K^i, P^j] = -\mathrm{i}P^0\delta_{ij},\quad [J^i, P^j] = \mathrm{i}\varepsilon_{ijk}P^k,\quad [J^i, K^j] = \mathrm{i}\varepsilon_{ijk}K^k$$
$$[K^i, P^0] = -\mathrm{i}P^i,\quad [J^i, P^0] = 0 \tag{3.51}$$

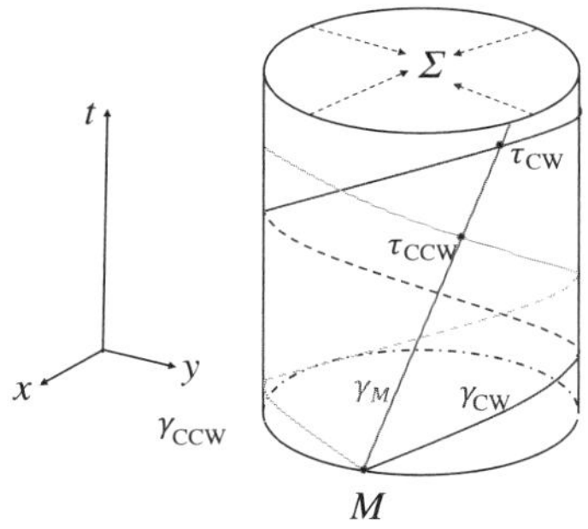

图 3.4　Sagnac 效应在环形干涉仪上的示意

注：图中干涉圆环记为 Σ，其中 M 表示光源及干涉装置的探测点。红、黄、蓝三色曲线分别代表固连于环上的探测装置 M，逆时针和顺时针绕行的光或粒子的世界线，分别记为 γ_M，γ_{CCW}，γ_{CW}。纵轴表时间方向，与之垂直的代表环所在的空间超平面，图中仅示意了 t，x，y 轴。

简单来说，我们可假定 Sagnac 干涉仪中两束反向传播的光束（或粒子）[①]经过一系列的推促（boost）、平移（translation）操作完成重聚，发生干涉。考虑如图 3.5（彩图 5）那样最简单的矩形环路，自源（淡蓝色矩形）发射的出射波（红色箭头）经分束器 BS（黄色虚线段）分成反向传播的两束波，尔后经 3 块反射镜 M_i，$i = 1,2,3$（蓝色实线段）反射后汇聚到探测器（深蓝色矩形）。注意：无论是探测器还是源都固连于干涉环路上，随环路一同转动。

不妨先考虑图 3.5 中逆时针传播的波束（图中黑色箭头示意）。该波束从 BS 传播到 M_1 等价于一个沿 x 轴正向的平移，对应算符操作为 $e^{\mathrm{i}P^1 r/\hbar}$；尔后在 M_1 处其速度方向发生改变，由 x 轴正向变为 y 轴正向，对应的算符操作为 $e^{\mathrm{i}(K^2 v_2 - K^1 v_1)/\hbar}$；自 M_1 传播到 M_2 则相当于是沿 y 轴正向的平移，对应算符为 $e^{\mathrm{i}P^2 s/\hbar}$；在 M_2 处速度方向再次改变，由 y 轴正向变为 x 轴负向，对应算符为 $e^{\mathrm{i}(-K^1 v_1 - K^2 v_2)/\hbar}$；自 M_2 传播到 M_3 则相当于是沿 x 轴负向的平移，对应算符为 $e^{-\mathrm{i}P^1 r/\hbar}$；在 M_3 处速度方向再次改变，由 x 轴负向变为 y 轴负向，对应算符 $e^{\mathrm{i}(-K^2 v_2 + K^1 v_1)/\hbar}$；自 M_3 传播到 BS 完成最后一段对应算符为 $e^{-\mathrm{i}P^2 s/\hbar}$ 的沿 y 轴负向的平移后与反向传播的波束在 BS 处汇聚进入探测器（深蓝色矩形），若考虑该部分光再次由 BS 反射回初始光路，则对应的推促算

① 也可以是有质量的 de Broglie 波，如中子、原子、声子，甚至是凝聚态中的某些准粒子激发等其他粒子束。

符为 $e^{i(K^2 v_2 + K^1 v_1)/\hbar}$。将这些变换一起考虑，对于逆时针传播波束，其对应作用于自分束器 BS 分束后向右入射波束（黑色箭头所示）的群作用为

$$\begin{aligned}
g_{\mathrm{CCW}} &= e^{i(K^1 v_1 + K^2 v_2)/\hbar} e^{-iP^2 s/\hbar} e^{i(-K^2 v_2 + K^1 v_1)/\hbar} e^{-iP^1 r/\hbar} e^{i(-K^1 v_1 - K^2 v_2)/\hbar} \\
&\quad \cdot e^{iP^2 s/\hbar} e^{i(K^2 v_2 - K^1 v_1)/\hbar} e^{iP^1 r/\hbar} \\
&\approx \left(e^{iK^1 v_1/\hbar} e^{iK^2 v_2/\hbar} e^{-\frac{iv_1 v_2}{2c^2\hbar}J^3}\right) e^{-iP^2 s/\hbar} \left(e^{-iK^2 v_2/\hbar} e^{iK^1 v_1/\hbar} e^{-\frac{iv_1 v_2}{2c^2\hbar}J^3}\right) \\
&\quad \cdot e^{-iP^1 r/\hbar} \left(e^{-iK^1 v_1/\hbar} e^{-iK^2 v_2/\hbar} e^{-\frac{iv_1 v_2}{2c^2\hbar}J^3}\right) e^{iP^2 s/\hbar} \left(e^{iK^2 v_2/\hbar} e^{-iK^1 v_1/\hbar} e^{-\frac{iv_1 v_2}{2c^2\hbar}J^3}\right) e^{iP^1 r/\hbar} \\
&\approx \left[1 - \frac{2i(rv_1 + sv_2)}{c^2\hbar}P^0 - \frac{2iv_1 v_2}{c^2\hbar}J^3\right]
\end{aligned} \tag{3.52}$$

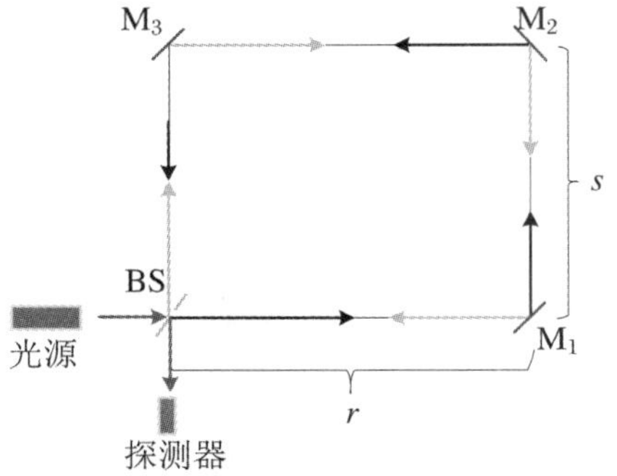

图 3.5　Sagnac 干涉仪示意图

注：图中红色箭头代表从固连于环路的源（Source）出射的激光束（或如中子、原子、声子等其他粒子束）入射到分束器 BS（黄色虚线段），尔后产生反向传播的两束波被反射镜 M_i，$i = 1,2,3$（蓝色实线段）反射后重新汇聚到同样固连于环路的探测器（detector）。为简单起见，干涉环路为矩形，长和宽分别为 r，s，图中两反向传播波束分别以黄色箭头示意。

为使计算结果意义明确，我们在利用 Poincaré 群代数式（3.51）时恢复了常数 $\hbar$ 和 c，且在计算中我们用到了 Baker-Campbell-Hausdorf 公式，譬如：①

---

① 我们反复用到了类似等式

$$\begin{aligned}
& e^{i(-K^1 v_1 - K^2 v_2)/\hbar} e^{iP^2 s/\hbar} e^{iK^2 v_2/\hbar} \\
&= e^{-iK^1 v_1}\left[e^{-iK^2 v_2/\hbar}\left(e^{-\frac{1}{2}v_1 v_2 [K^1, K^2]} + \cdots\right) e^{iP^2 s/\hbar} e^{iK^2 v_2/\hbar}\right] \\
&= e^{-iK^1 v_1}\left[e^{iP^2 s/\hbar} + \left[-iK^2 v_2/\hbar, e^{iP^2 s/\hbar}\right] + \frac{1}{2}\left[-iK^2 v_2/\hbar, \left[-iK^2 v_2/\hbar, e^{iP^2 s/\hbar}\right]\right] + \cdots\right] \\
&\quad \cdot \left(e^{-\frac{i}{2}v_1 v_2 J^3} + \cdots\right) \\
&= e^{-iK^1 v_1}\left[1 - isv_2 P^0 - \frac{1}{2}\left[(sv_2 P^0)^2 - isv_2^2 P^2\right] + \cdots\right] e^{iP^2 s/\hbar}\left(e^{-\frac{i}{2}v_1 v_2 J^3} + \cdots\right) \\
&\approx e^{-iK^1 v_1}\left[1 - isv_2 P^0\right] e^{iP^2 s/\hbar} e^{-\frac{i}{2}v_1 v_2 J^3}
\end{aligned} \tag{3.53}$$

其中，…代表高阶项（high order terms），且最后一个等式仅保留到 v_1，v_2，s，r 等参数的二阶项。

$$e^A e^B = e^{A+B+\frac{1}{2}[A,B]+\frac{1}{12}[A-B,[A,B]]-\frac{1}{24}[B,[A,[A,B]]]+\cdots} \tag{3.54}$$

$$e^A B e^{-A} = B + [A,B] + \frac{1}{2}[A,[A,B]] + \frac{1}{3!}[A,[A,[A,B]]] + \frac{1}{4!}[A,[A,[A,[A,B]]]] + \cdots \tag{3.55}$$

最后结果仅保留到光速的 $\mathcal{O}[1/c^2]$阶。类似地,自分束器 BS 分束后向上入射波束(黄色箭头所示的顺时针传播波束)的群作用为

$$\begin{aligned} g_{\mathrm{CW}} &= e^{i(K^2\bar{v}_2+K^1\bar{v}_1)/\hbar} e^{-iP^1 r/\hbar} e^{i(-K^1\bar{v}_1+K^2\bar{v}_2)/\hbar} e^{-iP^2 s/\hbar} e^{-i(K^2\bar{v}_2+K^1\bar{v}_1)/\hbar} \\ &\quad e^{iP^1 r/\hbar} e^{i(K^1\bar{v}_1-K^2\bar{v}_2)/\hbar} e^{iP^2 s/\hbar} \\ &\approx \left[1 - \frac{2i(r\bar{v}_1 + s\bar{v}_2)}{c^2\hbar}P^0 + \frac{2i\bar{v}_1\bar{v}_2}{c^2\hbar}J^3\right] \end{aligned} \tag{3.56}$$

假定初始进入分束器的波束处于量子态$|I\rangle$,分束器对其作用为

$$\hat{O}_{\mathrm{BS}}|I\rangle = |i_R\rangle + |i_U\rangle \tag{3.57}$$

而末态将为逆时针、顺时针传播光波末态的线性叠加$|F\rangle=|f_R\rangle+|f_U\rangle$,其组分量子态与初态间的关系可由以上群作用式(3.52)和式(3.56)分别得到

$$|f_R\rangle = g_{\mathrm{CCW}}|i_R\rangle, \quad |f_U\rangle = g_{\mathrm{CW}}|i_U\rangle \tag{3.58}$$

而探测器的响应将与末态$\langle F|F\rangle$中的干涉项

$$\langle f_U|f_R\rangle = \langle i_U|g_{\mathrm{CW}}^{-1}g_{\mathrm{CCW}}|i_R\rangle \tag{3.59}$$

有关。保留到光速的 $\mathcal{O}[1/c^2]$阶,

$$\begin{aligned} g_{\mathrm{CW}}^{-1}g_{\mathrm{CCW}} &= 1 + \frac{2i[r(\bar{v}_1 - v_1) + s(\bar{v}_2 - v_2)]}{c^2\hbar}P^0 \\ &\quad - \frac{2i(\bar{v}_1\bar{v}_2 + v_1 v_2)}{c^2\hbar}J^3 + \mathcal{O}[c^{-2}] \\ &= 1 + \frac{4irs\Omega}{c^2\hbar}P^0 - \frac{2i(\bar{v}_1\bar{v}_2 + v_1 v_2)}{c^2\hbar}J^3 + \mathcal{O}[c^{-2}] \end{aligned} \tag{3.60}$$

其中,我们用到了 $\bar{v}_1 - v_1 = s\Omega, \bar{v}_2 - v_2 = r\Omega$[①],且与单位元偏离的首项为$\frac{4irs\Omega}{c^2\hbar}P^0 = i\frac{4A\Omega}{c^2\hbar}P^0 = i\frac{4A\Omega}{c^2}\omega$,即 Sagnac 相移;最后一个等式实际是作用到光子态后得到的,即 $P^0|I\rangle = E|I\rangle = \hbar\omega|I\rangle$。第三项代表的正是 Thomas 进动(具体参见 3.1.3 小节内容)产生的相因子$\frac{2(\bar{v}_1\bar{v}_2 + v_1 v_2)}{c^2\hbar}J^3$。

---

① 其中 Ω 为垂直于简单假设的矩形旋转平面的角速度,实际由推导可知该过程与角速度绝对值无关,只与角速度过干涉环路所绕平面的通量 $\boldsymbol{A}\cdot\boldsymbol{\Omega}$ 有关。若恰为图示平面,则$|\boldsymbol{A}| = rs$。

特别地,如果做非相对论近似,则对应群代数式(3.51)退化为 Galileo 代数:

$$[K^i, K^j] = 0, \quad [K^i, P^j] = -\mathrm{i}M\delta_{ij}$$
$$[K^i, W] = -iP^i, \quad [K^i, M] = 0 \tag{3.61}$$

其中,$P^0 = M + W$,且大致上有 $M \sim m$, $W \sim mv^2$,分别代表静质量的能量贡献和动能贡献。将 Galileo 群代数回代入式(3.52)和式(3.56),可得

$$g_{\mathrm{CW}}^{-1} g_{\mathrm{CCW}} = 1 + \frac{2\mathrm{i}[r(\bar{v}_1 - v_1) + s(\bar{v}_2 - v_2)]}{\hbar} M$$
$$= 1 + \frac{4\mathrm{i}\boldsymbol{A} \cdot \boldsymbol{\Omega}}{\hbar} M \tag{3.62}$$

此即非相对论粒子对应的 Sagnac 相移。虽然在此推导过程中,我们作了很多近似,比如仅保留计算结果到光速的 $\mathcal{O}[1/c^2]$阶等,但仍可以清楚的从该推导中看出非相对论情形的 Sagnac 相移源于沿相同方向推促和平移作用下的不对易,是一个明显的量子力学效应。实际上,这也暗合了在中子、原子及准粒子激发中观测到的 Sagnac 效应均可以理解为两束 de Broglie 物质波干涉的转动效应,虽然对有质量粒子,干涉环路通常只有半圈,所以只是式(3.62)给出的结果的一半。但对光波这样的明显相对论性粒子,基于 Poincaré 群的平移、推促的生成元的 Lie 代数的量子处理和将其作为经典波动给出的结果完全相同[43]。

3.2 本章小结

除以上列举的几个有意思的效应外,狭义相对论有许多有意思的所谓佯谬及物理学效应,如所谓的杆-谷仓佯谬①、Ehrenfest 佯谬(即所谓的 Einstein 转盘的几何佯谬)、Supplee 佯谬(即相对论潜艇佯谬,来源于不同惯性观测者感受到的 Lorentz 收缩不同)、Penrose-Terrell 效应等。实际上,相对论效应不仅在粒子对撞机、天体物理中早已司空见惯,也早已渗透进我们的日常生活。比如 GPS 系统的计时及定位操作不仅要计及广义相对论效应,同样必须考虑狭义相对论效应,如考虑相对论 Doppler 频移、Sagnac 效应等。如果不考虑相对论效应,GPS 的误差累积在一日之中即可达到超过 11 km 的导航误差[44-45],这将令即使装备了最好

① barn-pole paradox,又称为梯子-谷仓佯谬(ladder paradox),类似的版本还有火车-隧道佯谬等。这些佯谬的本质均来源于不同惯性参考系的观测者看到的同时性是相对的。

的原子钟的 GPS 系统也迅速失去导航价值①。所以如若不考虑相对论效应，智能手机的导航定位将成为毫无价值的摆设。除此之外，我们感受到的电磁场效应，如安培力等实际上也是狭义相对论的体现[25]。换言之，只有在狭义相对论的明显 Lorentz 协变表述下，才能更容易地理解 Maxwell 方程对电场、磁场的统一性。Maxwell 的电磁场理论在电磁 4-矢量描述下可被表述为一个形式上统一了高斯定律和由 Maxwell 推广的安培定律的单一方程 $\partial_\mu F^{\nu\mu} = -j^\mu$，以及一个自动成立的 Bianchi 恒等式 $\partial_\mu {}^*F^{\mu\nu}=0$，其中，${}^*F^{\mu\nu} \equiv \frac{1}{2}\varepsilon^{\mu\nu\rho\sigma}F_{\rho\sigma}$ 是电磁场反对称张量的对偶张量。

① 实际上，一日之内在轨卫星由于高速运动及地球引力变弱等引起的时间误差达到 45 μs，远远超出原子钟的精确度（铯原子钟可以轻易达到每百万年误差不超过 1 s）。

第 4 章　Lorentz 对称性与 CPT 对称性

本章[①]将进一步介绍 Lorentz 对称性及与之相关的分立对称性，包括空间反演、时间反演以及电荷共轭变换对应的对称性。时间反演和空间反演变换实际也是经典力学的对称性，比如我们可以对经典力学的牛顿第二定律

$$\frac{\mathrm{d}^2 \boldsymbol{X}}{\mathrm{d}t^2} = -\nabla V(\boldsymbol{X}) \tag{4.1}$$

作时间反演变换 $t \to -t$，显然方程(4.1)在该变换下不变。当然这是我们熟知的事实，比如不考虑其他星体引力，在牛顿引力势下反转地球绕日的轨道速度，地球会反向绕日运动。换言之，地球绕日的轨道角动量方向并不仅仅取决于动力学本身，还取决于初始条件。将初始条件反转，即 $\boldsymbol{X} \to -\boldsymbol{X}, \boldsymbol{V} \to -\boldsymbol{V}$，对应的轨道仍然是动力学方程的解。另外，如果势场 $V(\boldsymbol{X}) = V(|\boldsymbol{X}|)$，如中心力场，则对方程式(4.1)作空间反演变换 $\boldsymbol{X} \to -\boldsymbol{X}$，方程仍然不变，即引力势下的牛顿方程也具有空间反演不变性。当然，真正让时间和空间反演对称性具有十分重要的意义还得等到量子力学的出现。比如著名的 Krammer 定理表明，在任意电场作用下，具有奇数个电子的量子体系，其能量本征态至少是两重简并的[46]。Krammer 定理的证明即用到了量子态在时间反演算符作用下的变换性质。另外，可证明若 Hamiltonian 同时满足时间反演及空间反演不变，且排除系统能级简并，则这样的系统不会存在固有电偶极矩。这意味着检验基本粒子的电偶极矩，如中子的电偶极矩具有非常重要的意义，例如可能预示着超出标准模型的新物理效应。有趣的是，时间反演是已知唯一的反线性、反幺正的基本对称性变换(复合变换如 PT、CPT 当然也是反线性、反幺正的)，因而不同于空间反演及电荷共轭变换，没有对应的守恒量，但却有着如上所述的丰富物理内涵。

---

① 同第 3 章，本身仍将沿用号差 $\mathrm{diag}[\eta_{ab}] = (-1,1,1,1)$。

另一个有趣的是电荷共轭变换,该变换是粒子-反粒子间的对应变换,是完全没有经典对应的一种对称性变换。这个变换可认为肇始于伟大的 Dirac 对于 Dirac 方程中负能态的诠释。Dirac 起初将这些未被占据的负能态理解为质子,Dirac、Oppenheimer 等人随后发现试图调和电子、质子在诸如质量等方面的巨大不对称性上的努力是徒劳的。1931 年,Dirac 指出空穴对应的应该是具有与电子相同质量,但相反电荷的新粒子——反电子。1932 年 8 月,Anderson 在云室的宇宙线径迹中发现了正电子[47]。有意思的是,不同于反幺正的时间反演算符,电荷共轭变换和空间反演变换的对称性对应的是幺正算符,它们有对应的守恒量,称之为 C 宇称和 P 宇称。1956 年,李政道、杨振宁先生发现了弱作用中 P 宇称不守恒。P 宇称的不守恒打破了左右手的对称性,故其发现令包括 Pauli、Landau 在内的大物理学家一开始都感到不可思议,然而同年吴健雄女士的实验很快证实了李政道、杨振宁的发现——在弱作用中上帝确实是个左撇子,这也为基本粒子的极化实验奠定了基础。后来,Landau 试图提出 CP 联合变换下的不变性以挽救他心目中神圣的分立对称性,然而 1964 年,J. Cronin 和 V. Fitch 等人发现 CP 也是破缺的。这很快启发 Kobayashi、Maskawa 将两代夸克的 Cabibbo 矩阵推广到三代夸克,从而得到了允许 CP 破缺的 CP 相角。当然,CP 破缺也是产生宇宙中重子物质-反物质不对称的 Saharnov 三条件中的一个关键要素。最后,我们也知道粒子物理标准模型或一个定义足够宽泛的具有定域相互作用的 Lorentz 不变的量子场论,若其时间演化是幺正的,则必然存在一种严格的分立对称性——CPT 对称性,即电荷共轭、空间反演、时间反演的联合变换下的对称性。换言之,CPT 对称性和 Lorentz 对称性有着非常紧密的联系,后文我们将对此作更为细致的探讨。

4.1　Lorentz 变换相关公式

在讨论分立对称性之前,为下一章探讨检验 Lorentz 对称性的理论方便,我们将略微回顾并总结本书 2.1 节讨论过的 Lorentz 变换及其对称性。对于任一如坐标间隔 dx^μ 一样变换的 4-矢量 ξ^μ,其在 Lorentz 变换下均满足类似于式(2.3)的变换式

$$\xi'^\mu = \Lambda^\mu_{\ \nu}(\boldsymbol{v})\xi^\nu, \quad \xi'_\mu = \Lambda_\mu^{\ \nu}(\boldsymbol{v})\xi_\nu \tag{4.2}$$

式中,后一式表示逆变矢量 ξ^μ 的对应协变 4-矢量在 Lorentz 变换下的变换性质。需要注意

$$\Lambda_\mu^{\ \nu} = \eta_{\mu\alpha}\eta^{\nu\beta}\Lambda^\alpha_{\ \beta} \tag{4.3}$$

所以

$$\xi'^2 \equiv \xi'^\mu \xi'_\mu = \Lambda^\mu{}_\rho(\boldsymbol{v})\xi^\rho \Lambda_\mu{}^\sigma(\boldsymbol{v})\xi_\sigma = \Lambda^\mu{}_\rho \eta_{\mu\alpha}\eta^{\sigma\beta}\Lambda^\alpha{}_\beta \xi^\rho \xi_\sigma$$
$$= [\eta_{\mu\alpha}\Lambda^\mu{}_\rho \Lambda^\alpha{}_\beta]\eta^{\sigma\beta}\xi^\rho\xi_\sigma = \eta_{\rho\beta}\eta^{\sigma\beta}\xi^\rho\xi_\sigma = \xi^\rho\xi_\rho = \xi^2 \tag{4.4}$$

式中,倒数第二式我们用到了 Lorentz 变换保 Minkowski 度规不变的性质

$$\eta_{\mu\alpha}\Lambda^\mu{}_\rho\Lambda^\alpha{}_\beta = \eta_{\rho\beta} \tag{4.5}$$

而等式(4.4)可进一步推广为 $\xi'^\mu\zeta'_\mu = \xi^\mu\zeta_\mu$,表明任意两个 4-矢量的标量积是一个 Lorentz 不变量。这是一个非常重要的性质,实际上任意张量与张量间,矢量与张量间的乘积,如果其上下指标完全缩并(如 $X^{\mu\nu\rho\sigma}\xi_\mu\zeta_\nu\tilde{\omega}_\rho\chi_\sigma$)则均为 Lorentz 变换下的不变量。所以显然空时间隔 $\Delta x^2 \equiv \Delta x^\mu \Delta x_\mu$ 是一个 Lorentz 不变量。实际上,大部分教科书正是由真空光速不变性及其表达的空时间隔不变性推演出了 Lorentz 变换式。然而,我们由本书 2.1 节看到由空时的均匀各向同性加上惯性参考系间的平权性,以及时序因果性等要求同样可以得到 Lorentz 变换式①。

为后面讨论电荷共轭变换方便,我们不加证明的直接给出旋量场在 Lorentz 变换下的变换性质。通俗地讲,旋量场可认为是矢量场的开平方②。在 Lorentz 变换下旋量场遵从如下③变换:

$$\Psi'(x) = \exp\left[-\frac{\mathrm{i}}{4}\omega_{\mu\nu}\Sigma^{\mu\nu}\right]\Psi(\Lambda^{-1}x), \quad \Sigma^{\mu\nu} \equiv \frac{\mathrm{i}}{2}[\gamma^\mu, \gamma^\nu] \tag{4.6}$$

式中,$\Lambda^\mu{}_\nu = \Lambda^\mu{}_\nu[\omega]$由 Lorentz 变换参数 ω 生成。$\Lambda^\mu{}_\nu$的无穷小形式为$\Lambda^\mu{}_\nu = \delta^\mu{}_\nu + \varepsilon^\mu{}_\nu$。注意不同于无穷小参数 $\varepsilon^\mu{}_\nu$,旋量场变换式(4.6)中 $\omega_{\mu\nu}$ 为有限变换参数。如 $\theta^i \equiv \frac{1}{2}\varepsilon_{ijk}\omega^{jk}$代表转动变换的转角,而$\frac{v^i}{c} \equiv \omega^{0i}$代表 i-方向的推促速度。矩阵 $\Sigma^{\mu\nu}$ 中 γ^μ 为 Dirac 伽马矩阵,若没有特殊说明,在后面的讨论中我们均采用 Pauli-Dirac 表象,即取

$$\gamma^0 = \begin{pmatrix} 1 & 0 \\ 0 & -1 \end{pmatrix}, \quad \boldsymbol{\gamma} = \begin{pmatrix} 0 & \boldsymbol{\sigma} \\ -\boldsymbol{\sigma} & 0 \end{pmatrix} \tag{4.7}$$

---

① 作者个人认为后者更为基本,表明时空对称性是变换律背后的原因而不是相反,正如 Newton 时空的对称性带来的是 Galileo 变换,Galileo 变换体现了 Newton 时空的对称性;同理,Lorentz 变换体现了 Minkowski 时空的均匀各向同性。

② 这当然非常不严格,实际上一开始 Dirac 从概率非负出发认为 Klein-Gordon 方程并非令人满意的电子的相对论性波动方程。而 Klein-Gordon 方程的相对论色散关系显然是给出的平方关系 $E^2 = [\boldsymbol{p}^2 + (mc)^2]c^2$,其开方会带来两个解 $E = \pm\sqrt{\boldsymbol{p}^2 + (mc)^2}\,c$,一个正能解,一个负能解。后面从 4-矢量$\left(\frac{1}{2}, \frac{1}{2}\right)$可表示为两个旋量表示的直积$\left(\frac{1}{2}, 0\right)\otimes\left(0, \frac{1}{2}\right)$也可理解"旋量是矢量的开方"的不太严格的说法的由来。

③ 这一不同于矢量、张量,旋量场不带时空指标。

16 个 Dirac 伽马矩阵可由该基本矩阵和单位矩阵及其乘积得到，示于下式：

$$\Gamma = \{1_{4\times4}, \gamma_5, \gamma^\mu, \gamma_5\gamma^\mu, \Sigma^{\mu\nu}\}, \quad \gamma_5 \equiv \frac{\mathrm{i}}{4}\varepsilon_{\mu\nu\rho\sigma}\gamma^\mu\gamma^\nu\gamma^\rho\gamma^\sigma \tag{4.8}$$

由此可构建 Lorentz 变换下的标量 $\overline{\Psi}\Psi$，赝标量 $\overline{\Psi}\gamma_5\Psi$、矢量 $\overline{\Psi}\gamma^\mu\Psi$、赝矢量 $\overline{\Psi}\gamma_5\gamma^\mu\Psi$ 及 2-阶张量 $\overline{\Psi}\Sigma^{\mu\nu}\Psi$。例如，$\overline{\Psi}\gamma^\mu\Psi$ 在 Lorentz 变换下按逆变矢量变换，而 $\overline{\Psi}\gamma_5\Psi$ 在 Lorentz 变换下表现为标量，但在空间反演变换下变号，故为赝标量①。更一般的场的 Lorentz 变换可参见 S. Weinberg《场的量子理论・基础》中[35]的 5.7 节“一般因果场”(General Causal Fields)。

为后面章节方便起见，我们也顺便给出正时正规 Lorentz 群在一般推促操作下的矩阵表示

$$\Lambda[\boldsymbol{v}] = \begin{pmatrix} \gamma & -\gamma\dfrac{v_1}{c^2} & \gamma\dfrac{v_2}{c^2} & \gamma\dfrac{v_3}{c^2} \\ -\gamma v_1 & 1+(\gamma-1)\dfrac{v_1^2}{v^2} & (1-\gamma)\dfrac{v_1v_2}{v^2} & (1-\gamma)\dfrac{v_1v_3}{v^2} \\ \gamma v_2 & (1-\gamma)\dfrac{v_1v_2}{v^2} & 1+(\gamma-1)\dfrac{v_2^2}{v^2} & (\gamma-1)\dfrac{v_2v_3}{v^2} \\ \gamma v_3 & (1-\gamma)\dfrac{v_1v_3}{v^2} & (\gamma-1)\dfrac{v_2v_3}{v^2} & 1+(\gamma-1)\dfrac{v_3^2}{v^2} \end{pmatrix} \tag{4.9}$$

可证明

$$\Lambda[\boldsymbol{v}] = R_z[\phi]R_y[\theta]\Lambda[v\hat{e}_z]R_y^{-1}[\theta]R_z^{-1}[\phi] \tag{4.10}$$

式中，$\boldsymbol{v} = (v_1, v_2, v_3)^{\mathrm{T}} = v(\sin\theta\cos\phi, \sin\theta\sin\phi, \cos\theta)^{\mathrm{T}}$ 为推促操作对应的速度矢量。特别地，沿 z 轴方向的推促变换矩阵为

$$\Lambda[v\hat{e}_z] = \begin{pmatrix} \gamma & 0 & 0 & \gamma\dfrac{v}{c^2} \\ 0 & +1 & 0 & 0 \\ 0 & 0 & +1 & 0 \\ \gamma v & 0 & 0 & \gamma \end{pmatrix} \tag{4.11}$$

沿 y 轴、z 轴的转动矩阵表示为

$$R_y[\theta] = \begin{pmatrix} +1 & 0 & 0 & 0 \\ 0 & \cos\theta & 0 & -\sin\theta \\ 0 & 0 & +1 & 0 \\ 0 & \sin\theta & 0 & \cos\theta \end{pmatrix}$$

---

① 其中 $\overline{\Psi} = \Psi^\dagger\gamma^0$。读者可自证，$S^{-1}(\Lambda)\gamma^\mu S(\Lambda) = \Lambda^\mu{}_\nu\gamma^\nu$，其中 $S(\Lambda) = \exp\left[-\frac{\mathrm{i}}{4}\omega_{\mu\nu}\Sigma^{\mu\nu}\right]$。

$$R_z[\phi]=\begin{pmatrix}1 & 0 & 0 & 0\\ 0 & \cos\phi & \sin\phi & 0\\ 0 & -\sin\phi & \cos\phi & 0\\ 0 & 0 & 0 & +1\end{pmatrix} \tag{4.12}$$

而沿 x 轴的转动矩阵 $R_x[\delta]$ 表示为

$$R_x[\delta]=\begin{pmatrix}+1 & 0 & 0 & 0\\ 0 & +1 & 0 & 0\\ 0 & 0 & \cos\delta & \sin\delta\\ 0 & 0 & -\sin\delta & \cos\delta\end{pmatrix} \tag{4.13}$$

所以最一般的纯粹转动可表示为 $R[\theta,\phi,\delta]\equiv R_z[\phi]R_y[\theta]R_x[\delta]$，或者亦可由 3 个 Euler 转动角表示之。

4.2 Lorentz 对称性相关性质及公式

简单说完 Lorentz 变换，接下来我们略微讨论下 Lorentz 对称性。我们知道对称性的严格数学描述是群论，所以知道了代表某种对称性的群表示，很大程度上也就了解了该对称性。最一般的 Lorentz 群可分为互不连通的 4 个子块，其核心是正时正规 Lorentz 群(proper orthochronous Lorentz group)①，对应群元可由对参数 $\omega^{\mu\nu}$ 的连续变换从单位元，也即恒等变换得到。也正因此，我们可通过分析正时正规 Lorentz 群在单位元附近的行为得到其李代数，加上空时平移对称性后 Lorentz 群扩充为 Poincaré 群，式(3.51)中的 4-动量 $P^\mu=(P^0,\boldsymbol{P})$ 正是平移生成元。李代数式(3.51)的 4-维表述为

$$[P^\mu,P^\nu]=0,\quad [J^{\mu\nu},P^\rho]=\mathrm{i}[\eta^{\nu\rho}P^\mu-\eta^{\mu\rho}P^\nu] \tag{4.14}$$

$$[J^{\mu\nu},J^{\rho\sigma}]=\mathrm{i}[\eta^{\nu\rho}J^{\mu\sigma}-\eta^{\mu\rho}J^{\nu\sigma}-\eta^{\nu\sigma}J^{\mu\rho}+\eta^{\mu\sigma}J^{\nu\rho}] \tag{4.15}$$

其中，式(4.15)代表齐次 Lorentz 群(即不包含空时平移操作)的群代数，$J^{0i}=K^i$ 代表推促生成元，J^{ij} 代表转动生成元。可证明式(4.6)中的 $\Sigma^{\mu\nu}$ 满足和 $J^{\mu\nu}$ 相似的群代数，实际上 $S^k=\frac{1}{2}\varepsilon_{ijk}\Sigma^{ij}$ 代表自旋，自然无怪乎 $\Sigma^{\mu\nu}$ 也代表旋量场的 4-维转动生成元，满足群代数，对应旋量场构成 Lorentz 群的群表示。更一般地，正时正规

---

① 其中正时的英文是 orthochronous，是指过去、未来光锥的时序为正；而正规的英文是 proper，是指合乎正常的手性定义。有些文献翻译为恰当正时 Lorentz 群。作者认为手性定义并无恰当与否，而只是和我们既定的规范是否相同，镜像世界中的手性未必就不是恰当的，故而翻译为正规。

Lorentz 群的群表示可由矩阵 $\mathcal{J}^{\mu\nu}$ 给出，其对易子满足类似于式(4.15)的群代数：

$$[\mathcal{J}^{\mu\nu},\mathcal{J}^{\rho\sigma}]=i[\eta^{\nu\rho}\mathcal{J}^{\mu\sigma}-\eta^{\nu\sigma}\mathcal{J}^{\mu\rho}-\eta^{\mu\rho}\mathcal{J}^{\nu\sigma}+\eta^{\mu\sigma}\mathcal{J}^{\nu\rho}] \tag{4.16}$$

比如对于最简单的张量，即逆变矢量 A^μ，其在 Lorentz 群作用下有 $A'^\mu[x]=\Lambda^\mu{}_\nu A^\nu[\Lambda^{-1}x]$，由此可得其群表示的矩阵

$$[\mathcal{J}^{\mu\nu}]^\alpha{}_\beta=\eta^{\nu\alpha}\delta^\mu_\beta-\eta^{\mu\alpha}\delta^\nu_\beta \tag{4.17}$$

进一步来说，若将分立变换，即时间反演变换 T($\mathcal{T}$)、空间反演变换 P($\mathcal{P}$)[①]纳入考虑，则可将正时正规 Lorentz 群推广到包含正时正规 Lorentz 群及另外 3 个互不连通子块的 Lorentz 群。这 4 个子块均满足时空间隔不变的要求。实际上，由 Lorentz 变换保度规的性质式(4.5)，立刻可得

$$\det[(\eta_{\mu\nu})]=\det[(\eta_{\rho\sigma}\Lambda^\rho{}_\mu\Lambda^\sigma{}_\nu)]\Rightarrow\det[\Lambda]=\pm1 \tag{4.18}$$

$$\eta_{00}=-(\Lambda^0{}_0)^2+\sum_j(\Lambda^j{}_0)^2\Rightarrow\Lambda^0_0=\pm\sqrt{1+\sum_j(\Lambda^j{}_0)^2} \tag{4.19}$$

对于正时正规 Lorentz 群，因其群元可由参数的连续变换自单位元出发得到，而对单位元显然有 $\det[\boldsymbol{\Lambda}]=+1$ 且 $\boldsymbol{\Lambda}^0_0=+1$，从而正时正规 Lorentz 群的群元必然满足 $\det[\boldsymbol{\Lambda}]=+1$ 且 $\boldsymbol{\Lambda}^0_0\geqslant+1$。而空间反演和时间反演对应的变换矩阵分别为

$$(\mathcal{P}^\mu{}_\nu)=\begin{pmatrix}1&0&0&0\\0&-1&0&0\\0&0&-1&0\\0&0&0&-1\end{pmatrix},\quad(\mathcal{T}^\mu{}_\nu)=\begin{pmatrix}-1&0&0&0\\0&+1&0&0\\0&0&+1&0\\0&0&0&+1\end{pmatrix} \tag{4.20}$$

由正时正规 Lorentz 群(其矩阵表示为 $\Lambda^\uparrow_+$[②])和 $\mathcal{P},\mathcal{T}$ 可得表 4.1，从中可非常直观地看出一般 Lorentz 群的 4 个分块和其分别对应的行列式 $\det[\Lambda]$ 及矩阵元 $\Lambda^0{}_0$ 的大小关系。实际上，除了时间反演 T($\mathcal{T}$)及空间反演 P($\mathcal{P}$)对应的分立对称性外，由于粒子本身在相对论运动下不再是守恒的，其中可能涉及正反粒子对的产生、湮灭[③]。这就要求引入电荷共轭变换 $\mathcal{C}$(注此处的符号 $\mathcal{C}$ 作用于 Hilbert 空间)。电荷共轭变换并非时空的对称性变换，而是反映了粒子、反粒子间的对称性

$$\mathcal{C}\hat{a}_{\sigma,n}(\boldsymbol{p})\mathcal{C}^{-1}=\xi^*\hat{a}^{c}_{\sigma,n},\quad\mathcal{C}\hat{a}^\dagger_{\sigma,n}(\boldsymbol{p})\mathcal{C}^{-1}=\xi\hat{a}^{\dagger c}_{\sigma,n} \tag{4.21}$$

---

① 注：$\mathcal{T},\mathcal{P}$ 分别代表作用于 4-矢量或张量的时间、空间反演的矩阵，其地位类似于 Lorentz 变换矩阵 $\boldsymbol{\Lambda}$；而 $\mathcal{T},\mathcal{P}$ 则分别代表对应于该变换的作用在 Hilbert 空间上的反幺正和幺正算符。

② 其中，“+”号表示手性，如空间坐标选取满足右手规则；而“↑”表示时序自过去指向未来光锥。表格 4.1 中的“−”和“↑”则代表相反性和时序。

③ 相对论性运动带来的质能转换 $E=\gamma m_0c^2$，其中 $\gamma=1\Big/\sqrt{1-\frac{v^2}{c^2}}$ 而 m_0 代表粒子的静止质量。所以微观粒子的相对论性碰撞必然带来正反粒子对的生灭，粒子数自然不再是个守恒量。

表 4.1　一般 Lorentz 群可按其群元的 $|\Lambda^0_0|>+1$ 的两种可能及相应 Lorentz 变换的行列式大小 det[Λ]分为 4 个互不连通的子块

子分块	$\Lambda^\uparrow_+$	$\Lambda^\uparrow_-\equiv\mathcal{P}\Lambda^\uparrow_+$	$\Lambda^\downarrow_-\equiv\mathcal{T}\Lambda^\uparrow_+$	$\Lambda^\downarrow_+\equiv\mathcal{PT}\Lambda^\uparrow_+$
det[Λ]	$+1$	-1	-1	$+1$
Λ^0_0	$>+1$	$>+1$	<-1	<-1

在描述电子的 Dirac 方程中，粒子、反粒子间的对称性可明显地表现出来。相互作用的 Dirac 方程在厄米共轭及转置的共同作用下其变换为

$$[\mathrm{i}\gamma^\mu(\partial_\mu+\mathrm{i}eA_\mu)-m]\Psi=0\Rightarrow-\mathrm{i}\Psi^\dagger\gamma^0[\gamma^\mu(\partial_\mu-\mathrm{i}eA_\mu)+m]=0$$
$$\Rightarrow\mathrm{i}[\gamma^{\mu^\mathrm{T}}(\partial_\mu-\mathrm{i}eA_\mu)+m]\overline{\Psi}^\mathrm{T}=0\tag{4.22}$$

引入电荷共轭变换矩阵 $C=\mathrm{i}\gamma^2\gamma^0$ 使得 $C\gamma^{\mu^\mathrm{T}}C^{-1}=-\gamma^\mu$，并将式(4.21)左乘 C 并插入单位元 $CC^{-1}=1$ 可得

$$[\mathrm{i}\gamma^\mu(\partial_\mu+\mathrm{i}eA_\mu)-m]\Psi=0\xrightarrow{C=\mathrm{i}\gamma^2\gamma^0}[\mathrm{i}\gamma^\mu(\partial_\mu-\mathrm{i}eA_\mu)-m]\Psi^c=0\tag{4.23}$$

式中，$\Psi^c=C\overline{\Psi}^\mathrm{T}$。比较式(4.23)两边可见 Dirac 方程中与外场耦合的耦合常数-电荷确实反号，Ψ^c 代表电荷共轭变换后的旋量场(Dirac 的 4-分量旋量中的 4 个自由度恰好分别对应于自旋，正反粒子，故而电荷共轭变换相当于把正反粒子在 4 旋量中的位置互换)。

实际上，电荷共轭变换可以更明显地在 Majorana 表象中表现出来，此时其物理意义可比照复标量场满足的 Klein-Gordon 方程。在 Majorana 表象中，Dirac 算子$[\mathrm{i}\gamma^\mu(\partial_\mu+\mathrm{i}eA_\mu)-m]$是实的，这当然要求$\gamma^\mu$是纯虚数矩阵①，即

$$\gamma^{\mu*}=-\gamma^\mu\tag{4.25}$$

如此则电荷共轭变换下的旋量波函数 Ψ^c 将直接与其复共轭 Ψ^* 相关，正如复标量场一样。

实验发现单独的空间反演、时间反演及电荷共轭变换，以及任意两者间的联合变换都不是满足四种基本作用下不变的对称性。当然一般认为，电磁、强、引力相互作用仍然在空间反演变换下不变，然而弱作用却是最大程度的破坏空间反演不变性的。1956 年，李政道和杨振宁首次指出了弱作用中空间反演变换的 P 宇称

---

① Majorana 表象下的 Dirac 伽马矩阵选择之一，即

$$\gamma^0=\begin{pmatrix}0&\sigma_2\\\sigma_2&0\end{pmatrix},\quad\gamma^1=\mathrm{i}\begin{pmatrix}1&0\\0&-1\end{pmatrix},\quad\gamma^2=\mathrm{i}\begin{pmatrix}0&\sigma_1\\\sigma_1&0\end{pmatrix},\quad\gamma^3=\mathrm{i}\begin{pmatrix}0&\sigma_3\\\sigma_3&0\end{pmatrix}\tag{4.24}$$

不守恒的可能性[48]，这一观点很快即被吴健雄实验组的^{60}Co 实验所证实[49]。Landau 随即提议虽然 P 宇称不守恒，但在电荷共轭和空间反演的联合变换下，CP 宇称仍然是守恒的。的确，正如 Landau 预言，CP 对称性是非常好的对称性，在绝大多数包括弱作用的粒子反应中仍然是好的对称性；然而，1964 年 Fitch 和 Cronin等人证实在 K 介子到 2π 的衰变中（$K_2 \to \pi^+ + \pi^-$）[50] CP 宇称不守恒。而 1999 年 Fermi 实验室的 KTeV 实验组在 $K_L \to \pi^+ + \pi^-$，$K_S \to \pi^0 + \pi^0$ 的反应中更是直接观测到了 K 介子衰变[51]中 CP 破缺的证据。2001 年，在 SLAC 的 B 工厂的中性 B 介子衰变中更是观测到了随时间演化的 CP 破缺信号[52-53]，其对应于 B 介子体系中的 CP 相角为 $\sin(2\beta) = 0.59 \pm 0.14(\text{stat}) \pm 0.05(\text{syst})$。然而，人们有理由认为在量子场论中，CPT 对称性，也即是基本相互作用在电荷共轭、空间反演、时间反演的联合变换下具有不变性。与 CPT 对称性相关的证明早在 1951 年即由 J. Schwinger 在其论文“场的量子理论”对自旋-统计关系[54]的描述中有过隐性表述，随后 G. Lüders 和 W. Pauli 在 1954 年[55-56]前后给予了更明确的证明。几乎在同时，J. Bell 也独立地给出 CPT 对称性的证明[57]。这些证明建立了 CPT 定理：

在一些一般性假设的前提下，任一定域相互作用的量子场论在满足幺正性和 Lorentz 对称性的条件下，必然也满足 CPT 联合变换下的对称性。

为后面表述方便，表 4.2 分别列出旋量场表示的 16 类 Dirac 算符在 CPT 变换下的变换性质具体可参见 Peskin. Schroeder 的《量子场论导论》。

表 4.2　费米子旋量场的双线性式表达的标量、赝标量、矢量、赝矢量及张量在空间反演 $\mathcal{P}$，时间反演 $\mathcal{T}$，电荷共轭变换 $\mathcal{C}$ 及其联合变换下 $\mathcal{CPT}$ 的变换性质

算符	$\overline{\Psi}\Psi$	$\overline{\Psi}\gamma_5\Psi$	$\overline{\Psi}\gamma^\mu\Psi$	$\overline{\Psi}\gamma_5\gamma^\mu\Psi$	$\overline{\Psi}\sigma^{\mu\nu}\Psi$
$\mathcal{P}$	+1	−1	$(-1)^{[\mu]}$	$(-1)^{[\mu]+1}$	$(-1)^{[\mu]+[\nu]}$
$\mathcal{T}$	+1	−1	$(-1)^{[\mu]}$	$(-1)^{[\mu]}$	$-(-1)^{[\mu]+[\nu]}$
$\mathcal{C}$	+1	+1	−1	+1	−1
$\mathcal{CPT}$	+1	+1	−1	−1	+1

注：其中当 $\mu=0$ 时 $[\mu]=0$，而当 $\mu=1,2,3$ 时 $[\mu]=1$，对 $[\nu]$ 有类似的定义。

CPT 定理表明，CPT 对称性和 Lorentz 时空对称性有着非常紧密的联系。在通常量子场论中的 CPT 对称性是非常好的对称性，在 Lorentz 不变性的加持下甚至是严格的分立对称性①。事实上，2002 年前后，Greenberg 证明了十分接近于

① 因为很难想象不满足幺正性的量子理论，而非定域相互作用会带来非常多的问题。

CPT 定理的逆否命题，即所谓的反 CPT 定理（Anti-CPT Theorem）[58]：

一个定域相互作用的量子场论若不满足 CPT 联合变换下的对称性，其也必然不满足 Lorentz 对称性。而 CPT 对称性却并不必然导致 Lorentz 对称性，换言之，CPT 对称性只是 Lorentz 对称性的必要而非充分条件。

注意：无论是 CPT 定理还是 Anti-CPT 定理，其中相互作用的定域性非常重要，如果没有定域性相互作用的要求，原则上确实可以构建一个 CPT 破缺然而却是 Lorentz 不变的量子场论，只是粒子间是非定域的相互作用，感兴趣的读者可参见文献[59]。

第 5 章 Lorentz 对称性检验的理论介绍

第 5 章和第 6 章是本书的第二部分。在本章中，我们会先简略讨论下为何要去探讨 Lorentz 对称性破缺，换言之，我们将介绍近 20 多年来人们研究和探索 Lorentz 对称性破缺的基本动机和历史沿革。在一个 Lorentz 对称性每时每刻都在不断被高能粒子加速器上的粒子对撞实验所验证，且狭义相对论、广义相对论早已被广泛接受的世界探讨 Lorentz 对称性破缺是否必要呢？对这个问题仁者见仁，智者见智。也许更确切地说，是萝卜白菜，各有所爱。然而我们仍然希望通过本章及其后两章的讨论让读者相信无论是从有效场论的视角，还是从验证时空基本对称性，以夯实现代物理根基的必要性上来看，探讨 Lorentz 对称性破缺并非正统物理学家所认为的那样全无意义。恰恰相反，从实验角度来说，在 Lorentz 对称性破缺的有效场论框架下寻找“Lorentz 对称性破缺的信号”以探寻新物理，一方面，对于实验物理学家目的性非常明确：不同的破缺参数具有明确不同的物理意义，因而具有确切的实验信号；另一方面，对于理论物理学家探索更多可能的物理效应及分析实验数据提供了更为普适也更为可靠的理论框架。换言之，明确了不同物理参数的分类及其物理意义也为人们在不同的精度及相互作用中检验 Lorentz 对称性提供了统一的可比较的标准平台。当然，本章我们主要介绍人们探讨 Lorentz 对称性破缺的基本动机及几类研究 Lorentz 对称性破缺的理论模型或框架，大体上可分为两类：有效场论和非有效场论。

下一章我们将重点介绍 Kostelecký 和 Colladay 等人建立的 Lorentz 和 CPT 破缺的标准模型扩展(SME)。

5.1 为什么研究 Lorentz 对称性破缺

学过现代物理的人都清楚时空变换满足前一章讨论的相对论性的 Lorentz 变换关系，这同时反映了真空具有 Lorentz 不变性。那么为何我们还要研究 Lorentz 对称性破缺？换言之，研究 Lorentz 对称性破缺有必要吗？难道这样的研究不是为早已被抛弃的“以太”学说“借尸还魂”？对第一个问题结论是肯定的，本章正是讨论研究 Lorentz 对称性破缺场论的必要性。而对第二个问题的回答则要复杂得多，可以说既不是也是。说不是，是因为我们并没有回到 Newton 的绝对时空观，时空在领头阶近似上仍然为狭义相对论所描述①。而说是，则是因为在某种意义上，寻找 Lorentz 对称性破缺信号正是等价于寻找某种未知的背景张量场。该背景场既可能是某个动力学场的真空凝聚（如 Higgs 场的真空期望，因而只是背景场而非动力学自由度），也可能是为背景张量场的真空凝聚所有效描述的某个动力学场本身。如果从描述传递电磁作用的量子——光子传播所凭依的背景——真空来讲，某种意义上，寻找背景张量场，尤其是寻找作为动力学自由度真空凝聚带来的背景张量场而言，的确就是在寻找“新以太”。

5.1.1 探索 Lorentz 对称性破缺的基本动机

接下来，我们首先回顾一下人们寻找 Lorentz 对称性破缺的基本动机及历史脉络。Dirac 最早在文献[60]中阐明了如若考虑量子力学，则通常认为“以太”的存在必然意味着存在优越惯性参照系，从而“与狭义相对论原理不相容”的观点不再严格成立。重新审视这一说法意味着人们可能建立和相对性原理相容的以太假说②。实际上，这等价于改变我们的真空，Dirac 的想法实际上可看作最早由 Lorentz 对称性自发破缺引入非线性电动力学的尝试。这里的光子场纯粹是 Goldstone 玻色子，其无质量是源于全局 Lorentz 对称性的自发破缺，而非规范对称性。显然，引入的电磁场约束条件

$$A^{\mu}A_{\mu} - k^2 = 0 \tag{5.1}$$

不满足规范对称性。该想法随后为 J. D. Bjorken，H. B. Nilesen 等人进一步发展。当然，他们发展此类想法的动机并不完全相同。Bjorken 通过类比于强相互作用

① 若涉及引力，则为 Einstein 的广义相对论所描述。

② “经典物理模型中无法对称化的物理量也许在对应量子理论中科研很好的对称化”[60]。

的低能有效理论——Nambu-Jona-Lasinio(NJL)模型[61]，猜测光子场在高能理论中可能也不是基本自由度，而是类似于 π 介子的低能自由度。如此则光子的存在并非基于规范对称性，而是 Lorentz 对称性的自发破缺。而 Nilesen 的想法则更为激进，即高能下没有任何局域对称性，我们观测到的对称性，无论是 QED 的$U(1)$对称性还是强相互作用的 $SU_c(3)$色对称性都是低能的衍生对称性。正如 NJL 模型中源于手征费米子凝聚的手征对称性自发破缺产生了无质量的 π 介子，Nilesen、Chkareuli 等人提出 Lorentz 对称性的自发破缺也会产生诸如光子、胶子场在内的规范玻色子。当然，Nilesen 等人的出发点是虽然 Lorentz 对称性自发破缺，但低能下却没有可观测的物理效应，由此带来的后果包括 Goldstone 粒子被规范化，产生规范对称性[62-63]。Nilesen 等人的想法虽然非常有创见，但也意味着低能下与 Lorentz 不变的理论没有本质区别，人们必须通过加速器或其他高能物理过程直接观测极高能标，也即接近甚至达到 Lorentz 对称性自发破缺能标处发生的现象才有可能看到不同于 SM 的信号。

更一般化且更有实验可行性的想法来自于 V. A. Kostelecý、S. Coleman 等人。当然，Kostelecý提出 Lorentz 对称性破缺及建立 SME 的动机来源于弦理论的研究。在玻色弦场论的研究中，Samuel、Kostelecý等人发现由于弦理论中张量场的耦合，对应的 Lorentz 不变的真空不再是稳定真空，玻色弦场的相互作用可能诱导 Lorentz 对称性的自发破缺[64]。进一步，他们考虑了与高维引力中 Lorentz 对称性自发破缺相关的引力的类 Higgs 机制，及其在维数紧致化和宇宙学中的可观测效应[65]。后来，Kostelecý与 Colladay 等人逐渐抛开弦理论本身，反过来追问极高能物理的 Lorentz 对称性或 CPT 对称性破缺是否有可能在粒子物理标准模型和广义相对论代表的低能物理中留下痕迹。如果人们有可能在低能物理中寻找到 Lorentz 对称性破缺的微弱信号，自然会成为人们搜寻并进一步理解未知高能物理的向导。由此出发，Kostelecý等人建立了包含一系列 Lorentz 对称性破缺算符的基于有效场论的理论框架，称之为标准模型扩展(SME)。其中破缺 Lorentz 对称性的算符通过引入一系列张量形式的耦合常数与粒子物理标准模型(SM)和广义相对论中的场算符耦合得到。例如：

$$\frac{t_{[\mu\nu]}{}^{\kappa\lambda}}{\Lambda_{\mathrm{LV}}}\overline{\Psi}\sigma^{\mu\nu}\partial_{\kappa\lambda}\Psi \tag{5.2}$$

式中，Λ_{LV}为标记 LIV 能标的大质量压低，$t_{[\mu\nu]}{}^{\kappa\lambda}$ 为 LIV 的耦合常数，可能源于明显破缺，也可能源于自发破缺①。该耦合常数即使其高能起源是某种未知的动力学

① 若为后者则可能是极高能物理中某种张量场的真空期望[64]，比如弦理论中的反对称张量。

自由度，在低能下也已被“冻结”为耦合常数且在低能动力学场（如电子场 Ψ、光子场 A_μ 等）的 Lorentz 变换下仍然保持不变从而破缺了 Lorentz 对称性①。

我们将在第二节更加细致地讨论 Kostelecý的 SME 框架。接下来，人们探讨 Lorentz 对称性破缺的动机。首先，该动机是来源于实验观测的推动。当前我们最成功的理论是描述强、弱、电磁作用的粒子物理标准模型（SM）和描述引力的广义相对论（GR）。然而这两者均无法诠释暗物质和暗能量的实验观测，也无法调和不同的宇宙学观测给出的哈勃常数 H_0之间的明显冲突。即使是地面实验，标准模型也无法令人满意地解释业已观测到的中微子振荡现象。其次，从现代场论意义上讲，量纲计数可重整的 SM 和不可重整的 GR 应当只是某个有效场论的领头阶项。换言之，SM 和 GR 可能仅仅是某一基本理论的高能自由度积分后的结果。在低能下，作为领头阶项的 SM 和 GR 最为重要，而其他不可重整项作为极小尺度下高能自由度相互作用的结果，受到某个大质量的压低而显得不那么重要。然而，随着能量的增加，这些不可重整项将逐渐变得重要起来，并且显著蕴含了高能物理的信息。与之相关的，包括可重整项在内的耦合常数和质量参数作为可观测量同样编码了高能物理的信息。一个明显的例子是中微子的质量项，它可能来源于轻子数不守恒的量纲为 5 的不可重整项[66]

$$\sum_{ij} f_{ij}(\overline{l_{Li}^c}\,\phi^+ - \overline{\nu_i^c}\,\phi^0)(l_{Lj}\,\phi^+ - \nu_j\phi^0) \rightarrow \sum_{ij} f_{ij}\langle\phi^0\rangle\,\overline{\nu_i^c}\,\nu_j \tag{5.3}$$

式中，ν_j，l_{Lj}构成$SU(2)_L$ 双重态（doublet）$\begin{pmatrix}\nu_j\\ l_{Lj}\end{pmatrix}$，其具有的 $U(1)$量子数为$\frac{1}{2}$，而 Higgs 双重态$\begin{pmatrix}\phi^+\\ \phi^0\end{pmatrix}$具有的 $U(1)$量子数为$-\frac{1}{2}$。由上式(5.3)预期的中微子质量矩阵为$[m_\nu]_{ij}\approx f_{ij}\langle\phi^0\rangle^2$，大体上是$\frac{\Lambda_{\mathrm{EW}}^2}{M_{\mathrm{UV}}}\sim 10^{-2}$ eV，其中 $\Lambda_{\mathrm{EW}}=2m_{\mathrm{W}}/g=246$ GeV 是电弱能标，而 $M_{\mathrm{UV}}\sim 10^{15}$ GeV 来自于 $f_{ij}\sim\frac{g_{ij}}{M_{\mathrm{UV}}}$是紫外物理的能标，或可认为是大统一能标。该中微子质量矩阵的质量预期与当前中微子振荡实验及宇宙学的观测数据相容。可见基于有效场论和电弱对称性的自由度，40 多年前（1979年）S. Weinberg给出的质量预期[67]即使在今天看来仍然是非常有远见的。当时虽然没有中微子质量的相关数据，但该预测与现有的观测可以说符合得相当不错。

基于同样的理由，可以（也许稍显激进地）认为作为基本空时对称性的

① 在自发破缺情形，更准确的说法是使得 Lorentz 对称性成为了隐性的对称性（hidden symmetry）。

Lorentz 对称性很可能与轻子、重子数一样也只是低能下衍生的对称性，在高能下或许并不存在这些基本对称性。实际上，不少基于量子引力的探索都预示了 Lorentz 对称性可能存在微弱的破缺，比如 Kostelecý 等人探讨过的玻色弦场论[64]、圈量子引力[68]、非对易时空[69-70]，Horava-Lifschitz 引力理论[71-72]等。特别应该注意到 Lorentz 对称性是 SM 和 GR 共有的基础假设，也许没有什么比检验 Lorentz 对称性更能直击现代物理基础理论的核心。事实上，Lorentz 对称性不但构成了人们对时空认知的基本假设，且和 SM 和 GR 的其他假设紧密相关。对粒子物理而言，它和幺正性(unitarity)、相互作用的定域性(locality)假设共同构成了粒子物理的基本定理——CPT 定理成立的前提[55-57]；之于广义相对论，则是 Einstein 等效原理赖以成立的三大基本假设(定域的 Lorentz 对称性，弱等效原理，定域的位置不变性)之一[73-74]。由此可见，Lorentz 对称性深刻植根于现代物理的基础之中，牵一发而动全身。这样的基础性地位自然要求我们在各个不同的能区，及不同粒子的不同相互作用范围对其进行广泛而严格的逐一检验；另外，哪怕是极其微弱的 Lorentz 对称性破缺信号都必然预示着超出标准模型的新物理。一言以蔽之，检验 Lorentz 对称性不但是夯实现代物理根基的必然要求，也为精密观测提供了足以窥视因大质量压低而极难直接探测的量子引力新物理的绝佳窗口。

退一万步讲，即使未来理论的发展证实 Einstein 的独到眼光超越了时空——Lorentz 对称性是严格的对称性。在没有更好的理由相信这一假设时，也许最好的标准仍然是实证：所有的物理假设都必须建立在严格的实验事实的基础上。对如此重要的对称性——Lorentz 对称性，我们当然有必要在更加广泛的基础上、在不同的相互作用中、在不同的能标上更加严格地验证之。而为了在实验上更好地检验，自然的想法是假定 Lorentz 对称性存在微弱的破缺，继而寻找由此带来的各种预言，并在现象学上予以检验。在这样的实证哲学引导下，无疑有效场论提供了既可计及 SM 和 GR 在低能下的各种成功预言，又可探讨各种可能的 Lorentz 对称性破缺效应，从而更精确全面地检验 Lorentz 对称性的理想框架。

5.1.2　检验 Lorentz 对称性破缺的额外红利

作为检验 Lorentz 对称性破缺的有效场论，除了寻找基本时空对称性破缺信号外，还可带来额外的红利。比如，它可以描述诸如挠率(torsion)、非度规张量(nonmetricity)等随空时缓慢变化的张量场。换言之，若某个未知的背景张量，包括标量场的梯度在局域实验的范围内(如地球或太阳系尺度)缓慢变化，那么有效地看，这些缓变张量场相当于扮演了破缺 Lorentz 对称性的角色。这正如月球的弱引力场有效破坏了转动对称性一样。故而检验 Lorentz 对称性破缺的可能信号，如 sidereal effect，还可能发现基本理论中 Lorentz 对称性并未破缺的某种未知背景场。

5.2 探讨 Lorentz 对称性破缺的理论框架

前面阐述了人们探索 Lorentz 对称性破缺的理论的必要性及基本动机。下面简要介绍人们研究 Lorentz 对称性破缺的非有效场论及除 SME 外的其他几类有效场理论。作为理论和实验上探讨得最为广泛的一类有效场论框架——标准模型扩展(SME)，我们留待下一章重点介绍。

5.2.1 Lorentz 对称性破缺的非有效场论简介

自然存在有效场论之外的理论探索，主要是双狭义相对论(doubly special relativity，也有称之为 deformed special relativity，简称 DSR)。该理论假定除光速外，还有 Planck 长度，或者说 Planck 能量①也是一变换不变量。该理论可溯源到文献[75]，其在相对论波动方程$\Box\Psi=0$($\Box$代表 D′Alembert 算子，下同)中引入了一高阶空间偏微商项$-l_0^2\nabla^4\Psi$，从而引入了所谓的普适长度 l_0。然而 DSR 理论认为 Planck 长度在 Lorentz 变换下会存在“尺缩”效应因而必然引入新的变换的理由似乎并不恰当。实际上，所谓的 Planck 长度 l_{Planck}是由 Planck 能量变换而来，然而所谓粒子的能量达到或接近 E_{Planck}时量子引力的效应变得不可忽略的表述中，E_{Planck}并非指的是粒子在某一惯性系下的运动学能量。如果是运动学能量当然不是 Lorentz 不变量，但 E_{Planck}指的是粒子间发生碰撞或散射对应于粒子的质心能量，比如两粒子碰撞时 S 道的能量$\sqrt{s}=p_1+p_2$，该能量显然是 Lorentz 不变量。自然此时作简单代数关系$\frac{\hbar c}{\sqrt{s}}$给出的对应“长度”也是 Lorentz 不变量，不存在 Lorentz 收缩的问题。换言之，正如文献[76]所述，单纯的 Lorentz 变换并没有观测意义。从这个角度讲，部分 DSR 理论在讨论的出发点上或许有待商榷，抑或是作者才疏学浅未能理解。

当然，除了 DSR 以外，还存在其他理论，比如 de Sitter 相对论(de Sitter Relativity)[77-79]，其中因为宇宙学常数天然具有长度量纲，所以 de Sitter 相对论

---

① Planck 能量 E_{Planck}和 Planck 长度 l_{Planck}密切相关，满足量子力学中的关系式 $l_{\text{Planck}}=\frac{\hbar c}{E_{\text{Planck}}}$。

假定了时空曲率部分是来自于 de Sitter 时空而非物质场本身①，这使得时空存在一个天然长度，de Sitter 半径 $r_{\mathrm{ds}} \propto 1/\sqrt{\Lambda}$，对应的对称群就是 $SO(1,4)$ 而不是 Lorentz 对称群 $SO(1,3)$。然而因为该曲率非常小，所以在局域实验中大多数情况下和非齐次 Lorentz 对称性(即 Poincaré 对称性)没有区别。另外，还有Cohen、Glashow 等人提出的特殊狭义相对论[80]，他们认为时空对称群不是 $SO(1,3)$，而是其子群，如 $T_1 = K_x + J_y$、$T_2 = K_y - J_x$ 生成的二维平移群 $T(2)$，以及 T_1、T_2、J_z 生成的 3 参数欧几里得群 $E(2)$ 等。有意思的是如若再加上分立对称性，P、T 或者 CP 等的要求后，这些 Lorentz 群的子群会自然恢复到完整的 Lorentz 群。

5.2.2　Lorentz 对称性破缺的几类有效场论简介

除此之外，在有效场论方面，还有 Anselmi 理论及 Horava 理论。其实两者似乎相差不多，均是通过引入空间的高阶微商项并使算符的时间、空间部分满足不同的标度变换，然而出发点略有不同。Anselmi 对时空、空间的标度变换赋予了不同的权重[81-82]；Horava 则定义了一个随能量跑动的动力学临界指数来实现空、时坐标的不同标度变换[71,83]，此时 Lorentz 不变理论表现为红外不动点。换言之，该理论认为高能下并不存在 Lorentz 对称性，时间、空间本质上就不平权。低能域的 Lorentz 对称性是因为存在一个动力学的临界指标 z，时空的标度变换在随能量的跑动下不是不变的。这类似于凝聚态物理中的 Lifschitz 标量理论，

$$S = \int \mathrm{d}t d^D x (\phi^2 - (\Delta\phi)^2) \tag{5.4}$$

时空的标度变换为 $t \to \lambda^z t$，$\boldsymbol{x} \to \lambda \boldsymbol{x}$[比如式(5.4)中 $z = 2$，时空的标度变换显然是非均匀的]。在低能下，z 自发跑动到接近于 $z = 1$ 处，此时 Lorentz 对称性恢复。该理论的特别之处在于因为仅仅假设了时间、空间不平权，然而空间本身各个方向的标度变换是相同的，故存在一个优越参考系，在该参考系下，$SO(3)$ 的转动不变性仍然存在。

另外一个明显的有效场论构造是由 Coleman、Glashow 给出的[84]。他们假定粒子的极限速度不同于真空光速从而引入 Lorentz 对称性破缺(LSV)，并将粒子物理标准模型作为 0 阶项，而将所有极限速度依赖项作为微扰。该理论同样假定引入的 46 类 LSV 项均是可重整算符，并且这些算符满足 CPT 不变性。CPT 变换下反号的算符当然存在，然而这些算符在高能下随能量的变化要慢于 CPT-even

---

① 这意味着在该假设下时空中即使没有物质能量也会存在微弱的卷曲，正如 Einstein 真空场方程告诉我们的，$R_{\mu\nu} - \frac{1}{2} g_{\mu\nu} R = g_{\mu\nu} \Lambda$。

的算符，因而在讨论微弱的 LSV 效应（诸如 $\mu\to e+\gamma$ 这样的 SM 禁戒的理论）时一般可以忽略。Coleman、Glashow 的构造是基于 Lorentz 群 $O(1,3)$①的表示。因为 Lorentz 群的 Lie 代数[式(4.15)或式(3.51)]可写成两个互易的角动量算符

$$\boldsymbol{J}^{+}=\frac{1}{2}[\boldsymbol{J}+\mathrm{i}\boldsymbol{K}],\quad \boldsymbol{J}^{-}=\frac{1}{2}[\boldsymbol{J}-\mathrm{i}\boldsymbol{K}] \tag{5.5}$$

的形式。故而任一 Lorentz 群的不可约表示均可用两个半正数 (j_{+},j_{-}) 表示，其对应表示的维数为 $(2j_{+}+1)(2j_{-}+1)$。例如，$\left(0,\frac{1}{2}\right)$ 和 $\left(\frac{1}{2},0\right)$ 构成右手、左手的 Weyl 旋量，而 $\left(\frac{1}{2},\frac{1}{2}\right)$ 则构成 4-矢量②。场算符 $\Phi(x)$ 在 Poincaré 群 $U(\Lambda,a)$ 作用下，其变换为

$$U(\Lambda,a)\Phi(x)U(\Lambda,a)^{\dagger}=D[\Lambda^{-1}]\Phi(\Lambda x+a) \tag{5.6}$$

式中，$D[\Lambda^{-1}]$ 是场算符作为 Lorentz 群表示的矩阵。比如，对于转动及纯推促变换，分别有

$$D[R(\boldsymbol{\theta})]=\exp[-\mathrm{i}(\boldsymbol{J}^{+}+\boldsymbol{J}^{-})\cdot\boldsymbol{n}\theta] \tag{5.7}$$

$$D[B(\boldsymbol{\phi})]=\exp[(\boldsymbol{J}^{+}-\boldsymbol{J}^{-})\cdot\boldsymbol{e}\phi] \tag{5.8}$$

式中，$n\equiv\boldsymbol{\theta}/\theta$，$\boldsymbol{e}\equiv\boldsymbol{\phi}/\phi$ 是单位方向矢量。由式(5.7)可知转动不变性要求 Lagrangian 中的每一项作为 Lorentz 群的表示必然满足 $j^{+}+j^{-}=0$，由此对应项可写为

$$\mathcal{L}_{\mathrm{rot}}\propto\sum_{m=-j}^{+j}(-1)^{m}\Phi_{m,-m} \tag{5.9}$$

式中，m 是 z 方向的角动量量子数。如果某个量子态在 z 方向获得推促(boost)，且对应的推促快度为 ϕ（即 $\boldsymbol{\phi}=\hat{e}_{z}\phi$），则对应算符在该量子态中的期望为

$$\begin{aligned}\langle\psi'\mid\mathcal{L}_{\mathrm{rot}}[0]\mid\psi'\rangle&=\langle\psi\mid U^{\dagger}[B(\boldsymbol{\phi})]\mathcal{L}_{\mathrm{rot}}U[B(\boldsymbol{\phi})]\mid\psi\rangle\\&\propto \mathrm{e}^{2j\phi}\langle\psi\mid\Phi_{j,-j}[0]\mid\psi\rangle+O[e^{2(j-1)\phi}]\end{aligned} \tag{5.10}$$

故 $\langle\psi|\mathcal{L}_{\mathrm{rot}}|\psi\rangle$ 随能量的增长为 E^{2j}③。

另外，若记 CPT 算符为 Ω，其作用在场算符 $\Phi(x)$ 上的结果是

$$\Omega\Phi(x)\Omega^{-1}=(-1)^{2j_{+}}\Phi^{\dagger}(-x) \tag{5.11}$$

所以可重整的且 CPT 不变的场算符最大允许的 $j=1$，对应的是无迹对称张量；而

---

① 他们讨论的不单单是正规正时的 Lorentz 群，还考虑了 CPT 对称性，故而是大群 $O(1,3)$，而不是 $SO(1,3)$。

② 可参见 S. Weinberg 的《场的量子理论・基础》[35] 中的 5.6、5.7 节。

③ 注意到 $\gamma=E/m$，故而 $\mathrm{e}^{2j\phi}=[\gamma(1+\upsilon)]^{2j}\propto E^{2j}$。

其他 CPT 不变的场算符还有 $j=0$,对应的是标量。$j=\frac{1}{2}$当然也可以是转动不变的,但对应的是 CPT-odd 的矢量项,并且可由式(5.10)给出其随能量的增长要缓于 CPT 不变的 $j=1$ 的 LSV 项的增长,故而在考虑微弱的 LSV 时可以先考虑 CPT 不变(又称 CPT-even)项。

从最一般的标量算符出发,要得到可重整的量纲为 4 的算符,即要求 $j=1$,那么最简单的是标量场①的梯度项。最简单的考虑即引入标量场梯度的二次项

$$\frac{1}{2}\sum_{a,b}\partial_i\phi^a\varepsilon_{ab}\partial^i\phi^b \tag{5.12}$$

当然也可引入 $\frac{1}{2}\sum_{a,b}\partial_0\phi^a\varepsilon_{ab}\partial_0\phi^b$,两者差一个 Lorentz 不变量。其中对指标 a,b 的求和来自于对标量场内部自由度的求和[比如可以是 N 个标量场构成的内部对称性 $O(N)$ 群的表示],而 $\varepsilon_{ab}=\varepsilon_{ba}$ 且 $\varepsilon_{ab}\in\mathbb{R}$。显然,该项修改了标量场的运动学项,破坏了 Lorentz 对称性。

类似地,利用旋量 u^a $\left[属于\left(\frac{1}{2},0\right)表示\right]$、共轭旋量 $u^{a\dagger}$ $\left[属于\left(0,\frac{1}{2}\right)表示\right]$及梯度微分算子 ∂_i,我们可构造 $j=1$ 的转动不变的可重整算符

$$\frac{i}{2}\sum_{a,b}\varepsilon_{ab}u^{a\dagger}\sigma^i\partial_i u^b \tag{5.13}$$

要求 $\varepsilon^\dagger=\varepsilon$,即 ε_{ab} 是厄米矩阵。特别地,如果两个不同的 Weyl 旋量$\left[均属于\left(\frac{1}{2},0\right)表示\right]$分别带有相反的某个 $U(1)$ 对称性的荷,如电荷,那么该旋量和携带相反 $U(1)$ 荷的旋量的共轭旋量可构成一个 Dirac 的 4-旋量,从而得到最一般的转动不变的算符

$$\frac{\mathrm{i}}{4}\bar{\psi}\boldsymbol{\gamma}\cdot\boldsymbol{\partial}[\varepsilon_+(1+\gamma_5)+\varepsilon_-(1-\gamma_5)]\psi \tag{5.14}$$

同样的,公式中的 $\varepsilon_\pm$ 都是实数。

当然也可引入规范场的规范不变且转动不变的可重整算符。例如 $\varepsilon\boldsymbol{B}^2$,这等价于电磁场的 Lagrangian 中 $\boldsymbol{B}^2$ 的系数不是 -1,而是 $-1-\varepsilon$(自然单位制),所以真空光速不再是 1。规范场与物质场的耦合因满足最小耦合及规范不变要求可自然确定下来。

综上,Coleman、Glashow 的理论从构造上显然是满足特定参考系下的转动不变性的,并且由于考虑的 LSV 算符是微扰,故而在高能物理中首要考虑的几乎都

① 不失一般性,考虑算符为实标量场。

是 CPT 不变的 LSV 算符，如果再加上电弱规范不变性（自然要求理论不仅是树图水平的，而且是量子层次的，即反常相消的）及可重整等要求，可能的 LSV 算符数量非常有限，仅有 46 个独立的 CPT 不变的 LSV 算符。这些算符必然不满足 Lorentz 不变的能动量关系 $E^2 - P^2c^2 = m^2c^4$，对应诱导的粒子的极限速度也异于真空光速[①]。修改了的色散关系意味着光速不再是普适的极限速度。换言之，诸多为 Lorentz 不变的运动学所禁戒的行为（如轻子衰变及电子的单光子辐射 $\mu \to e + \gamma$，$e \to e + \gamma$）都有可能发生，需要重新分析讨论。

---

① 如果形式上定义类似于相对论性的质壳条件 $E_A^2 - P_A^2c_A^2 = m_A^2c_A^2$，指标 A 代表第 A 类粒子，c_A 则代表该粒子的极限速度。

第 6 章　Lorentz 对称性破缺的有效场论——SME 框架介绍

探索 Lorentz 对称性破缺的有效场论中最为著名的也是研究最为广泛的理论框架是 Kostelecý、Colladay 等人建立的标准模型扩展(SME)。下面我们简要介绍该理论的构造。该理论其实可以分为两个大块,2004 年之前的理论[85-86]及相关发展,主要涉及平直空间的全局 Lorentz 对称性;自 2004 年开始,理论扩展到定域的 Lorentz 对称性,即拓广到引力部分[87]。后期的发展则是推广到量纲计数任意阶的不可重整项[88-90]。因为理论最初以粒子物理标准模型(SM)为基础,将 SM 视为有效场论的领头阶,故简称为 SME①。另外,前述量纲计数可重整的部分称为最小 SME,包含有不可重整项的则称为非最小 SME。

6.1　构建 SME 的基本原则

标准模型扩展是以有效场论为基本框架,故而可写成作用量形式

$$I_{\mathrm{SME}} = \int \mathrm{d}x^4\, \mathcal{L}_{\mathrm{SME}}, \quad \mathcal{L}_{\mathrm{SME}} = \mathcal{L}_{\mathrm{SM}} + \delta\mathcal{L}_{\mathrm{LV}} \tag{6.1}$$

式中,$\mathcal{L}_{\mathrm{SM}}$为标准模型的 Lagrangian,$\delta\mathcal{L}_{\mathrm{LV}}$代表所有可能的 Lorentz 对称性破缺(简记为 LSV)项。相对于标准模型部分,$\delta\mathcal{L}_{\mathrm{LV}}$表示在低能下 LSV 部分属于微扰。注意,虽然作用量 I_{SME}破缺了 Lorentz 对称性,但我们仍然希望理论具有足够的约束,从而仍然具有充分的预言能力,故而要求理论仍然满足标准模型的 $SU(3)_{\mathrm{C}}\otimes SU(2)_{\mathrm{L}}\otimes U(1)_{\mathrm{Y}}$ 的规范对称性,并且满足平直空间的时空平移对称性、厄米性、微

① 完整的 SME 当然包含了引力,其 Lorentz 不变的领头阶项则是广义相对论。

观因果性、能量正定性及反常相消条件[85]。注意到这些要求其实非常自然的：

(1) 时空平移对称性自然意味着能动量守恒或者称为 4-动量守恒。在平直时空中这是一个非常基本的要求，我们并不希望引入诸如能量、动量不守恒这样激进的新物理。所以破缺全局 Lorentz 对称性的同时要求仍然保证微观过程的能量、动量守恒。

(2) 厄米性要求 $\hat{H}^{\dagger}=\hat{H}$，该要求使得量子态的时间演化必然是幺正的，从而保证概率守恒，信息不会丢失。

(3) 微观因果性则要求两类空间隔的算符满足 $[\hat{O}(t,\boldsymbol{x}),\hat{P}(t,\boldsymbol{0})]=0$，如果 $|\boldsymbol{x}|>0$。其中 $\hat{O}(t,\boldsymbol{x})$，$\hat{P}(t,\boldsymbol{0})$ 代表了两任意算符。换言之，两个类空间隔的测量之间是没有相互关联的，否则我们就无法由(来自于有限时空的有限测量得到的)有限知识获得对未知的必要的预测能力。因为如果类空间隔的两算符的对易子非零，或其弱形式——对易子的真空期望非零的话，则意味着因果不连通区域的两个事件仍然存在关联。而显然我们没办法知道过去光锥外区域的实验结果，或者更严格地说没办法获得整个时空区域的知识，因而无法借由过去光锥的有限观测结果对未来给出合理而可信的预言。

(4) 能量正定性要求保证了量子体系的稳定性。如果能量负定，则意味着没有稳定的基态，如此系统将总可以向低能态跃迁而无法保持稳定。

(5) 反常相消条件保证经典的某些对称性，比如规范对称性在量子辐射修正下仍然保持，从而使得理论即使在量子层次仍然具有预期的对称性。

在探索未知的过程中我们遵从类似于奥卡姆剃刀的原则，不希望同时引入过多的超出或者违反已被普遍接受的标准理论的基本原则的东西。显然，破缺 Lorentz 对称性已然是超出标准模型的，如果理论同时还违背规范对称性或者微观因果性，则改动过于激进，并很可能因此丧失足够的预言能力①。需要注意的是，虽然破缺 Lorentz 对称性的 SME 原则上可引入无穷多项，从而具有无穷多的参数自由度，然而由于奥卡姆剃刀的原因(即同时需满足诸如规范不变性、微观因果性等要求)，一旦确定了 $\delta\mathcal{L}_{\mathrm{LV}}$ 中算符的量纲，实际可引入的算符是很有限的。如果考虑到 CPT 等其他对称性(如 Supersymmetry，参见文献[91])的约束，则可引入的自由参数将更加有限。

① 因 Kostelecký最早在 SME 会议上阐述该原则，所以在 SME 的圈子中有时也把这一原则戏称为 Kostelecký剃刀。

6.2 最小 SME

下面以最小 SME 为例展示 Lagrangian 密度中的相关 LSV 算符。因要求其仍满足电弱规范不变性，可依然借由 SM 的术语，如费米子的左手二重态、右手单态等来讨论。

6.2.1 费米场

我们记费米场中轻子、夸克的 $SU(2)_L$ 左手二重态分别为

$$L_A = \begin{pmatrix} \nu_A \\ l_A \end{pmatrix}_L, \quad Q_A = \begin{pmatrix} u_A \\ d_A \end{pmatrix}_L \tag{6.2}$$

而右手单态为

$$R_A = (l_A)_R, \quad U_A = (u_A)_R, \quad D_A = (d_A)_R \tag{6.3}$$

式中，下标 A 为味道指标，对于轻子，即 e、μ、τ；对于夸克则是 u、d；c、s；t、b。另外因尚不确定是否存在右手中微子，按照标准模型只有右手轻子 $(l_A)_R$，而右手上下夸克则分别记为 $(u_A)_R$、$(d_A)_R$。左右手费米子以 $\Psi_{\frac{L}{R}} \equiv \frac{1}{2}[1 \mp \gamma_5]\Psi$ 定义，且满足 $\gamma_5 \Psi_{\frac{L}{R}} = \mp \Psi_{\frac{L}{R}}$，如电子及电子中微子构成的左手双重态即

$$L_e = \begin{pmatrix} \nu_e \\ \frac{1}{2}[1 - \gamma_5]e \end{pmatrix} \tag{6.4}$$

注意：在极端相对论情形下，左右手费米子分别是螺旋度 $\frac{\boldsymbol{\sigma} \cdot \boldsymbol{p}}{p}$ 的本征值为 -1，$+1$ 的本征态。我们知道有质量 Dirac 费米子存在正能、负能态，而考虑自旋投影则又有左手、右手态；共计 4 个自由度。对于极端相对论情形 $\frac{|\boldsymbol{p}|}{E} \to 1$，粒子速度非常接近于光速，此时除大快度 boost 的惯性系外，表现有如无质量费米子，因而具有确定的螺旋度，即确定的手征。当然，SM 中假定的无质量中微子则只有左手态（虽然由中微子振荡可知中微子应该是有质量的，但并不确定中微子是否一定是 Dirac 费米子，否则仍然允许仅存在左手中微子）。

至于 $SU(2)_L$ 和 $U(1)_Y$ 的规范玻色子，我们分别记为 W_a^μ、B^μ，其中 $a = 1,2,3$。当电弱对称性 $SU(2)_L \otimes U(1)_Y$ 破缺为电磁的 $U(1)_{em}$ 后，对应的中性玻色子为

$$\begin{pmatrix} A^{\mu} \\ Z^{\mu} \end{pmatrix} = \begin{pmatrix} \cos\theta_{\mathrm{W}} & -\sin\theta_{\mathrm{W}} \\ \sin\theta_{\mathrm{W}} & \cos\theta_{\mathrm{W}} \end{pmatrix} \begin{pmatrix} B^{\mu} \\ W_3^{\mu} \end{pmatrix} \tag{6.5}$$

式中，Z^{μ} 代表质量为 90.187 6(21)GeV[92]的电中性 Z 玻色子，$\theta_{\mathrm{W}} = 28.179\,8(186)^{\circ}$ 是 Weinberg 角，可定义为 $\sin\theta_{\mathrm{W}} \equiv \frac{q}{g}$ 或 $\cos\theta_{\mathrm{W}} = \frac{q}{g'}$，其中 g、g'分别对应于$SU(2)_{\mathrm{L}}$ 和 $U(1)_{\mathrm{Y}}$ 的耦合常数，而 q 则是电磁作用的耦合常数。而另外一对$SU(2)_{\mathrm{L}}$ 的玻色子的线性组合则构成质量为 80.379(12)GeV[92]的荷电 $W_{\pm}^{\mu}$ 玻色子

$$W_{\pm}^{\mu} = \frac{1}{\sqrt{2}}[W_1^{\mu} \mp \mathrm{i} W_2^{\mu}] \tag{6.6}$$

一般而言，$W_{\pm}^{\mu}$、Z^{μ} 传递弱相互作用，而电中性的 A^{μ} 是光子场，传递电磁相互作用。SM 最重要的标量场是 Higgs 场，即 Higgs 的 $SU(2)_{\mathrm{L}}$ 双重态

$$\phi = \begin{pmatrix} \phi^{+} \\ \phi_0 \end{pmatrix}, \quad \langle \phi \rangle = \frac{1}{\sqrt{2}} \begin{pmatrix} 0 \\ \upsilon_{\phi} \end{pmatrix} \tag{6.7}$$

注意：一般而言$\langle \phi^{\dagger} \rangle \langle \phi \rangle = \upsilon_{\phi}^2$，式(6.7)中第二式是在幺正规范①下给出的。接下来我们定义 Higgs 标量场与轻子、上下夸克②的 Yukawa 耦合常数分别为 G_{L}、G_{U}、G_{D}。有了这些准备，我们就可以直接写下 $SU(2)_{\mathrm{L}} \otimes U(1)_{\mathrm{Y}}$ 规范不变(且 Lorentz 不变)的费米子与规范场，费米子与标量 Higgs 粒子的 Yukawa 耦合的 Lagrangian：

$$\mathcal{L}_{\text{lepton}} = \frac{1}{2}\mathrm{i}\bar{L}_A \gamma^{\mu} \overleftrightarrow{D}_{\mu} L_A + \frac{1}{2}\mathrm{i}\bar{R}_A \gamma^{\mu} \overleftrightarrow{D}_{\mu} R_A \tag{6.8}$$

$$\mathcal{L}_{\text{quark}} = \frac{1}{2}\mathrm{i}\bar{Q}_A \gamma^{\mu} \overleftrightarrow{D}_{\mu} Q_A + \frac{1}{2}\mathrm{i}\bar{U}_A \gamma^{\mu} \overleftrightarrow{D}_{\mu} U_A + \frac{1}{2}\mathrm{i}\bar{D}_A \gamma^{\mu} \overleftrightarrow{D}_{\mu} D_A \tag{6.9}$$

$$\mathcal{L}_{\text{Yukawa}} = -[(G_L)_{AB}\bar{L}_A \phi R_B + (G_U)_{AB}\bar{Q}_A \phi^c U_B + (G_D)_{AB}\bar{Q}_A \phi D_B] + \text{h.c.} \tag{6.10}$$

其中电弱对应规范场的协变微分 $D_{\mu}\psi = [\partial_{\mu} - \mathrm{i}g\boldsymbol{W}_{\mu} \cdot \boldsymbol{t}^{\psi} - \mathrm{i}g' B_{\mu}]\psi$，且定义左右协变微分算符 $\bar{\psi}_A \gamma^{\mu} \overleftrightarrow{D}_{\mu} \psi_B \equiv \frac{1}{2}[\bar{\psi}_A \gamma^{\mu} D_{\mu} \psi_B - \overline{D_{\mu}\psi}_A \gamma^{\mu} \psi_B]$。注意式(6.10)中轻子夸克的不对等是源于标准模型中中微子无质量。规范场及 Higgs 场的 Lagrang-

---

① 幺正规范即是一种规范选取，或者叫规范固定。对于存在规范作用的理论，最简单的如标量 QED，规范固定既可以直接加在规范场上，如我们熟知的 Lorenz 规范(注：不是 Lorentz)$\nabla \cdot \boldsymbol{A} = 0$ 及轴规范 $A_3^{\mu} = 0$，也可以加在与规范场耦合的物质场上，比如标量场。幺正规范的好处是会使得理论中的物理自由度更加明了。

② 此处的上下夸克并非单指 u、d 夸克，而是 u、c、t 和 d、s、b 夸克的统称。同样，与夸克的耦合常数实际可写成味空间的耦合常数矩阵，从而与 CKM 矩阵相联系。

ian 表示为

$$\mathcal{L}_{\text{Higgs}} = (D_\mu \phi)^\dagger D^\mu \phi + \mu^2 \phi^\dagger \phi - \frac{\lambda}{3!}(\phi^\dagger \phi)^2 \tag{6.11}$$

$$\mathcal{L}_{\text{gauge}} = -\frac{1}{2}\text{tr}(G_{\mu\nu}G^{\mu\nu}) - \frac{1}{2}\text{tr}(W_{\mu\nu}W^{\mu\nu}) - \frac{1}{4}B_{\mu\nu}B^{\mu\nu} \tag{6.12}$$

式(6.8)～式(6.12)即是 Lorentz 不变的粒子物理标准模型的 Lagrangian。注意式(6.12)中对应 $SU(2)_{\text{L}} \otimes U(1)_{\text{Y}}$ 的电弱规范群的场强为 $B_{\mu\nu} \equiv \partial_\mu B_\nu - \partial_\nu B_\mu$，$W_{\mu\nu} \equiv \partial_\mu W_\nu - \partial_\nu W_\mu - \text{i}g[W_\mu, W_\nu]$，$G_{\mu\nu}$ 则是描述强相互作用的 $SU(3)_{\text{c}}$ 胶子场的场强，自然夸克的协变微商也包括了夸克和胶子的耦合。另外注意到式(6.11)中的 Higgs 势能密度 $\mathcal{V}[\phi] = -\mu^2 \phi^\dagger \phi + \frac{\lambda}{3!}(\phi^\dagger \phi)^2$ 显然存在非零的稳定真空解，在不考虑辐射修正的树图水平上有 $v_\phi^2 = \langle \phi^\dagger \rangle \langle \phi \rangle = 3\mu^2/\lambda$。小结之，不考虑引力时，

$$\mathcal{L}_{\text{SM}} = \mathcal{L}_{\text{lepton}} + \mathcal{L}_{\text{quark}} + \mathcal{L}_{\text{gauge}} + \mathcal{L}_{\text{Higgs}} + \mathcal{L}_{\text{Yukawa}} \tag{6.13}$$

若考虑量纲计数可重整的 Lorentz 对称性破缺(LSV)项，则对应电弱规范不变的费米子的 Lagrangian 为

$$\mathcal{L}_{\text{lepton}}^{\text{CPT-even}} = \frac{1}{2}\text{i}(c_L)_{\mu\nu AB}\bar{L}_A \gamma^\mu \overleftrightarrow{D}^\nu L_B + \frac{1}{2}\text{i}(c_R)_{\mu\nu AB}\bar{R}_A \gamma^\mu \overleftrightarrow{D}^\nu R_B \tag{6.14}$$

$$\mathcal{L}_{\text{lepton}}^{\text{CPT-odd}} = -(a_L)_{\mu AB}\bar{L}_A \gamma^\mu L_B - (a_R)_{\mu AB}\bar{R}_A \gamma^\mu R_B \tag{6.15}$$

$$\mathcal{L}_{\text{quark}}^{\text{CPT-even}} = \frac{1}{2}\text{i}(c_Q)_{\mu\nu AB}\bar{Q}_A \gamma^\mu \overleftrightarrow{D}^\nu Q_B + \frac{1}{2}\text{i}(c_U)_{\mu\nu AB}\bar{U}_A \gamma^\mu \overleftrightarrow{D}^\nu U_B + \frac{1}{2}\text{i}(c_D)_{\mu\nu AB}\bar{D}_A \gamma^\mu \overleftrightarrow{D}^\nu D_B \tag{6.16}$$

$$\mathcal{L}_{\text{quark}}^{\text{CPT-odd}} = -(a_Q)_{\mu AB}\bar{Q}_A \gamma^\mu Q_B - (a_U)_{\mu AB}\bar{U}_A \gamma^\mu U_B - (a_D)_{\mu AB}\bar{D}_A \gamma^\mu D_B \tag{6.17}$$

注意到这些 LSV 项是能够写下的最简 LSV 算符。它们在树图水平上仅仅改变了费米子的运动学，其中的 c、a 均是观者 Lorentz 变换(稍后介绍)下的一系列二阶张量及矢量场，其中拉丁指标 A、B 为费米子的味指标，希腊指标 μ、ν 为时空指标。

6.2.2　两个重要的概念

初看式(6.14)～式(6.17)，似乎所有时空指标都有缩并，因而并不破缺 Lorentz 对称性。然而这里涉及两个重要概念的区分——观者的 Lorentz 变换和粒子的 Lorentz 变换。

1. 观者的 Lorentz 变换(observer Lorentz transformation, OLT)及观者的 Lorentz 对称性

这是对于观测者本身施加的转动和推促(boost),对于我们感兴趣的物理系统本身该变换啥也没做。然而由于改变了观测者的视角,系统(包括物质场及背景场)在观测者选取的坐标系下的投影发生了改变,虽然物质场之间,以及物质场和背景场间的对应关系并未改变。所以本质上,观者的 Lorentz 变换就是一类特殊的广义坐标变换。可以想象,一个对物理理论的合理要求是这样的变换并不带来任何实质不同的物理效应。自然,对应的不变性是由于我们要求物理理论具有某种程度的客观实在性而外加的假设(an imposed requirement)①,并非真实的对称性,换言之,并没有某个守恒量与之对应。对理论描述的客观性要求是任何理论具有确定的可预言能力的基础,实际上即使是量子力学也依然具有相当程度的客观性,虽然由于违反 Bell 不等式不具有了所谓的客观实在性,即波函数本身具有了非定域性,但 Schrödinger 方程对波函数的演化的描述确实是确定性的②。

2. 粒子的 Lorentz 变换(particle Lorentz transformation, PLT)及粒子的 Lorentz 对称性

粒子的 Lorentz 变换是和粒子的全同性相联系的。粒子可以按照在 Lorentz 群下的变换形式分为标量、旋量、矢量及张量等,这些分别构成了 Lorentz 群的不可约表示。所谓粒子的 Lorentz 变换即是联系同种粒子在不同动量,自旋取向下的变换。它相当于仅仅对实验装置做转动或推促等 Lorentz 变换,而观测者及背景场(比如 CMB)等所在的坐标系在变换前后仍然是相同的。所以在粒子的 Lorentz 变换下,系统中所有的动力学场(区分于背景场,如 Higgs 的真空期望)均发生了变化,因此即使在同一坐标系下,动力学量如粒子动量 $\boldsymbol{p}$、自旋 $\boldsymbol{S}$,系统中的电磁场 $\boldsymbol{E}$、$\boldsymbol{B}$ 等在该坐标系下的投影分量均发生了变化。当然,动力学量间的相对关系并未发生变化,但动力学场和背景场间的相互关系或作用却可能发生变化③。此时有两种可能:

---

① 一个好的理论自然要求是与观者坐标选取无关的,这里并不涉及量子力学意义下观者与系统的纠缠。

② 从某种意义上,观者的 Lorentz 变换有些像被动坐标变换(passive coordinate transformation)。不幸的是,不少介绍狭义相对论的书采取的是这样的视角去介绍 Lorentz 对称性,这就使得习惯于此类视角的人们一开始不容易理解"指标收缩"的"标量"算符居然破缺 Lorentz 对称性。

③ 除非是标量且是时空位置常量的 Higgs 真空期望,若背景场是矢量、张量或者虽是标量,但却是时空坐标的函数而使得 $\langle \partial_\mu \phi \rangle \neq 0$,则因为背景场在粒子 Lorentz 变换下不变,其和动力学场间的相对关系仍然发生了变化,如算符 $\bar{e}\gamma^\mu e \langle \partial_\mu \phi \rangle$ 就不是粒子 Lorentz 变换下的标量。

（1）假定背景场是 Higgs 的真空期望且我们考虑的不是宇宙演化而是局限于太阳系，可以认为此时 $\upsilon=\langle\phi_0\rangle$ 是个常数，自然由于动力学场，以电子、光子场为例，其间的相对关系并未发生变化，表现为相互作用项 $-e\bar{\psi}_e\gamma^\mu\psi_e A_\mu$ 不变，所以可观测的物理效应，如 Lorentz 力与变换前并无不同。且因为这是一个真实作用在系统动力学场上的变换，比如将实验室中电子和两电极间产生的电场同样做了一个转动，或者在 boost 下观测更高能量的电子同时与电场、磁场的作用（此时的磁场是因为推促到新参考系下由原参考系下的电场感生的），显然这样的作用仍由 Lorentz 力描述，没有本质的不同。对应于该物理变换不变性的是诸如角动量 $\boldsymbol{J}$ 等 Lorentz 群生成元的守恒量。

（2）假定背景场是矢量、张量或是时空坐标的函数的标量场，那么由于粒子变换下这些背景场并不变化，所以相当于时空有了一个或多个优越的指向，自然此时在粒子的 Lorentz 变换下，原则上会有可观测的物理效应。

下面我们以一个简单的例子，也是文献[93]中的例子来讨论两类变换的区分。考虑在某个虚拟星球（记作 α 星球）①上测量荷电粒子在磁场中的运动。因为该星球科学家尚未注意星球“指向球心”的微弱引力场的存在。理论上讲，如果对荷电粒子在磁场中的运动测量不够精确，且测量数据的时间积累不够充分，那么这些 α 星的物理学家显然会注意到荷电粒子与磁场的作用满足转动不变性。假定在某一惯性坐标系 $\Sigma[x,y,z,t]$ 中粒子的动量为 $\boldsymbol{p}$，外磁场强度为 $\boldsymbol{B}$（可由通有稳恒电流的螺线圈产生），而弱引力加速度为 $\boldsymbol{g}$，下面考虑两类转动变换：

（1）一种是“被动”的转动变换。考虑另一惯性参考系 $\Sigma'[x',y',z',t']$，两坐标系的原点重合，彼此间相差一个转动变换 $R\in SO(3)$。假定 $\hat{e}_i$，$\hat{e}_i'$分别代表坐标系统 Σ、Σ'在 x,y,z 及 x',y',z'方向的坐标基矢，则有 $\hat{e}_i'=R\hat{e}_i$，$i=x,y,z$。此时无论是荷电粒子的速度矢量 $\boldsymbol{v}$、外磁场矢量 $\boldsymbol{B}$，抑或是 α 星科学家暂且未知的弱引力加速度矢量 $\boldsymbol{g}$ 在两坐标系 Σ，Σ'的投影显然不同。然而坐标变换并不改变速度 $\boldsymbol{v}$、磁场 $\boldsymbol{B}$ 及引力加速度 $\boldsymbol{g}$ 彼此间的相对位型，故而毫无疑问，无论是粒子受到的 Lorentz 力 $\boldsymbol{f}_{\mathrm{L}}=e\boldsymbol{v}\times\boldsymbol{B}$，还是其实际感受到的整体加速度 $\boldsymbol{a}_{\mathrm{tot}}=\dfrac{e}{m}\boldsymbol{v}\times\boldsymbol{B}+\boldsymbol{g}$ 均无变化，仅仅是力或者加速度的坐标分量发生了变化。这当然不会影响真实的物理可观测效应。这样的情形的一个更简单的示例可参见图 6.1。

① 我们假定这个虚拟星球的引力场比较弱，且该星球的物理学家因为某些未知的原因对电磁场更感兴趣，而对引力持久忽视以至于未能发展出精确测量微弱引力场的技术，例如原子重力计。当然我们不去探讨该星球存在的现实性，例如因为引力场太弱是否有足够的引力吸引大气并产生足够的能满足生命孕育的条件等，所以这不过是为便于理解主要概念而虚构的粗糙的例子。

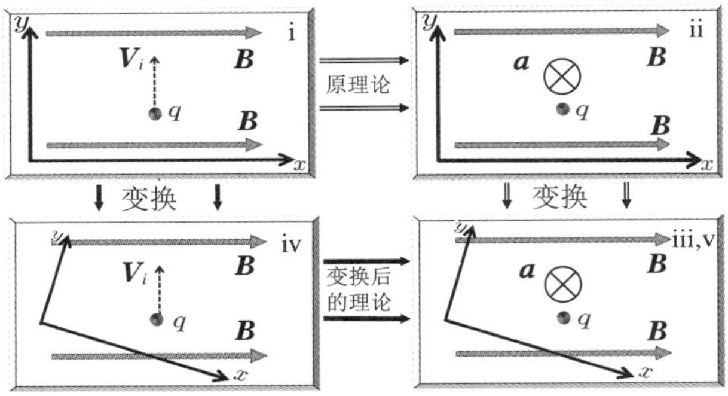

图 6.1　观者的 Lorentz 变换(OLT)

注：图案来自于文献[93](非常感谢 J. Tasson 慷慨应允使用该图片)，其中荷电粒子的速度 $\boldsymbol{v}$ 和磁场强度 $\boldsymbol{B}$ 在坐标系的转动变换下不变，仅仅是这些矢量的坐标投影，坐标分量发生了变化。故而粒子感受到的 Lorentz 力产生的加速度矢量 $\boldsymbol{a}$ 也不变。

(2) 另一种是“主动”的转动变换。该变换可认为是观测者主动施加的，即 α 星的科学家同时转动荷电粒子的动量和外磁场。比如，荷电粒子是阴极射线管放出的电子束，而外磁场则由固连于阴极射线管旁的亥姆霍兹线圈产生，那么转动该阴极射线管即可同时转动电子及外磁场。此时有两种可能。

① 一种情况是测量精度不够高，特别是测量的是 β 射线(即微观粒子——电子)在磁场中的偏转，而引力作用十分微弱。或在磁场中运动的虽是宏观带电粒子，但涉及的引力十分微弱且测量精度不高。这时即使始终在同一惯性系 Σ 下去看，转动前的速度 $\boldsymbol{v}$、外磁场强度 $\boldsymbol{B}$ 等矢量及转动后的速度 $\bar{\boldsymbol{v}}$、外磁场 $\bar{\boldsymbol{B}}$ 等矢量在坐标轴的投影 $\hat{e}_i \cdot \boldsymbol{V} \neq \hat{e}_i \cdot \bar{\boldsymbol{V}}$，其中转动前后的矢量 $\boldsymbol{V}$、$\bar{\boldsymbol{V}}$ 代指速度、外磁场。显然因为此时在实验精度内无需考虑重力加速度，故而 f_L 矢量相对阴极射线管的方向及大小不变，自然由此测得的电子束的偏转半径，相对射线管的偏转方向也都不变。所以此时 Lorentz 力在物理转动下的不变性反映了理论真实的对称性——即转动不变性，对应的守恒物理量即粒子的角动量 $\boldsymbol{J}$。

② 另一种情况则可认为是引力效应不可忽略或测量精度足够高，例如宏观带电粒子在磁场中的运动。此时之前关于动力学量，如速度 $\boldsymbol{v}$、外磁场 $\boldsymbol{B}$ 的描述仍然成立，然而由于局域实验室中实验系统的转动并不改变 α 星球本身的引力场，即不改变粒子受到的引力加速度，故而引力加速度在同一坐标系 Σ 中的投影 $\hat{e}_i \cdot \boldsymbol{g}$ 在转动前后不变，这时测量的总加速度 $\boldsymbol{a}_{\text{tot}} \neq \bar{\boldsymbol{a}}_{\text{tot}} = \frac{e}{m}\bar{\boldsymbol{v}} \times \bar{\boldsymbol{B}} + \boldsymbol{g}$，这是因为转动前后 f_L 和引力加速度 $\boldsymbol{g}$ 的夹角可能发生了变化。此时可认为转动对称性破缺了(除非转动操作的转轴刚好和 $\boldsymbol{g}$ 平行或反平行)，而破缺转动对称性的实验信号告

诉 α 星科学家存在某种未知的背景场——α 星的引力场，正是该引力场遴选了一个特殊的方向，从而有效破缺了转动对称性。当然，如果计及该引力场本身，α 星的物理学家最终将认识到对于一个更加广域的转动操作，即同时转动引力加速度 $\boldsymbol{g}$（这需要转动到星球表面的另一点），则转动对称性仍然成立。该情形下转动对称性的破缺仅仅是微弱背景引力场的效应。更为简单的示例（直接将磁场视为背景矢量）可参见图 6.2。

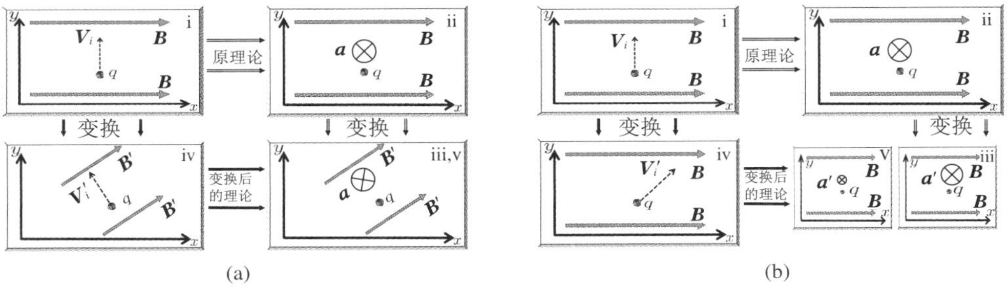

图 6.2　粒子的 Lorentz 变换(PLT)

注：图案来自于文献[93]（非常感谢 J. Tasson 慷慨应允使用该图片）。图 6.2(a) 代表磁场强度 $\boldsymbol{B}$ 随粒子速度 $\boldsymbol{v}$ 在粒子转动变换下一同变换，因而在同一坐标系下虽然各矢量本身及其坐标分量均发生了变化，但其相对关系不变，故而变换后的加速度矢量 $\boldsymbol{a}$ 保持不变，不破坏粒子的转动不变性。在图 6.2(b) 中，磁场强度 $\boldsymbol{B}$ 被当作背景矢量，因而在变换前后不变，那么变换前后的 Lorentz 力产生的加速度矢量在原坐标系下确实发生了变化，因而有效破缺了转动不变性。

回过头来看，可见破缺 Lorentz 对称性的 Lagrangian[式(6.14)～式(6.17)]中的 $c_{\mu\nu}$、$\boldsymbol{a}_\mu$ 系数均可看作观者 Lorentz 变换下的张量和矢量，在观测者的时空坐标的 Lorentz 变换下服从和对应动力学场相同的变换法则，因而其与轻子、夸克等动力学场的费米子双线性(bilinear)的指标缩并意味着观者的 Lorentz 不变性，这是一个物理的要求但并非物理结果。然而在粒子的 Lorentz 变换下，它们实际上可看作一系列耦合常数，或者是某个未知高能物理自由度的真空期望，从而构成了背景场（Lorentz 对称性自发破缺），在 PLT 下并不改变，自然这样的背景场和动力学费米子场的耦合破缺了 Lorentz 对称性。进一步地，可以由第 4 章中表格 4.2 证明 $c_{\mu\nu}$ 相关项并不破缺 CPT 对称性，而 a_μ 相关项既破缺 Lorentz 对称性又破缺 CPT 对称性。

6.2.3　费米场和 Higgs 场

接下来，我们可进一步写下费米子与 Higgs 场破缺 Lorentz 对称性的 Yukawa 耦合项：

$$\mathcal{L}_{\text{Yukawa}}^{\text{CPT-even}}=-\frac{1}{2}\left[(H_{\text{L}})_{\mu\nu AB}\bar{L}_A\phi\sigma^{\mu\nu}R_B+(H_{\text{U}})_{\mu\nu AB}\bar{Q}_A\phi^c\sigma^{\mu\nu}U_B\right.$$
$$\left.+(H_{\text{D}})_{\mu\nu AB}\bar{Q}_A\phi\sigma^{\mu\nu}D_B\right]+\text{h.c.} \tag{6.18}$$

由费米子双线性的结构可知，以上诸 $H_{\mu\nu}$ 系数均是关于下指标反对称的，且与 $c_{\mu\nu}$ 一样是无量纲的，故其对应的 LSV 算符是量纲为 4 的 Marginal 算符。与 $c_{\mu\nu}$，a_μ 相似，$H_{\mu\nu}$ 的味道指标 A、B 表明其在味空间一般而言不必是对角矩阵[如 $(a_L)_{\mu AB}\not\propto(a_L)_\mu\delta_{AB}$]，所以这些 LSV 算符还可能引起不同味（或不同代）费米子的耦合，从而破缺味对称性。破缺味对称性的 LSV 项意味着即使轻子也存在味混合，从而可引入无中微子质量的中微子振荡[88,82,94-98]。显然，这样的中微子振荡有别于中微子质量引起的振荡项，将产生非常不同的中微子振荡概率随中微子能量及飞行距离的函数关系。当然，轻子部分的味对称性破缺意味着 μ 子磁矩也会不同于 SM 的预测，这是否可以部分解释 μ 子反常磁矩的测量与 SM 理论预测的冲突[99]，或者反过来由此冲突的相关数据限制对应轻子部分的 LSV 参数仍然有待探讨。类似地，夸克部分的 LSV 的味混合也将带来 CKM 矩阵的微弱修正。

接下来，我们讨论 Higgs 场自耦合及其与规范场耦合的 Lorentz 破缺项。Higgs 场的自耦合项包括

$$\mathcal{L}_{\phi^2}^{\text{LV}}=\mathcal{L}_{\phi^2}^{\text{CPT-even}}+\mathcal{L}_{\phi^2}^{\text{CPT-odd}}$$
$$\mathcal{L}_{\phi^2}^{\text{CPT-even}}=\frac{1}{2}(k_{\phi\phi})^{\mu\nu}(D_\nu\phi)^\dagger D_\nu\phi+\text{h.c.}$$
$$\mathcal{L}_{\phi^2}^{\text{CPT-odd}}=\text{i}(k_\phi)^\dagger\phi^\dagger D_\mu\phi+\text{h.c.} \tag{6.19}$$

其中无量纲的 LSV 系数 $(k_{\phi\phi})^{\mu\nu}=(k_{\phi\phi}^1)^{\mu\nu}+\text{i}(k_{\phi\phi}^2)^{\mu\nu}$，$(k_{\phi\phi}^a)^{\mu\nu}\in\mathbb{R}$，$a=1,2$ 且 $(k_{\phi\phi}^1)^{\mu\nu}=(k_{\phi\phi}^1)^{\nu\mu}$，$(k_{\phi\phi}^2)^{\mu\nu}=-(k_{\phi\phi}^2)^{\nu\mu}$。通常，为完全剥离 Lorentz 不变性算符，我们可以进一步要求 $(k_{\phi\phi})^{\mu\nu}$ 是无迹的，即 $(k_{\phi\phi}^1)^\mu{}_\mu=0$。注意到 CPT-odd 的 LSV 系数 $(k_\phi)^{\mu^*}=(k_\phi)^\mu$ 必须是实的，因为如果假定 $(k_\phi)^\mu$ 有虚部，可以证明该虚部仅仅贡献一个表面项，换言之，虽然在 Lagrangian 意义上与无虚部情形有所不同，但在作用量意义上是完全等价的。除非考虑某些特殊拓扑场位型，如孤立子解[100-101]，否则 $(k_\phi)^\mu$ 的虚部对场方程没有贡献。

6.2.4 规范场

满足电弱对称性的 Lorentz 破缺的 Higgs 与规范场的耦合项有

$$\mathcal{L}_{\text{B-W-}\phi}^{\text{CPT-odd}}=-\frac{1}{2}(k_{\phi B})^{\mu\nu}\phi^\dagger\phi B_{\mu\nu}-\frac{1}{2}(k_{\phi W})^{\mu\nu}\phi^\dagger W_{\mu\nu}\phi \tag{6.20}$$

由规范协变的构造可知 $(k_{\phi B})^{\mu\nu}=-(k_{\phi B})^{\nu\mu}$，$(k_{\phi W})^{\mu\nu}=-(k_{\phi W})^{\nu\mu}$，而由厄米性则

可知这些系数都是实的。

最后,我们写下量纲计数可重整的规范场的 Lagrangian:

$$\mathcal{L}_{\text{gauge}}^{\text{CPT-even}}=-\frac{1}{2}(k_G)_{\kappa\lambda\mu\nu}\text{tr}[G^{\kappa\lambda}G^{\mu\nu}]-\frac{1}{2}(k_W)_{\kappa\lambda\mu\nu}\text{tr}[W^{\kappa\lambda}W^{\mu\nu}]-\frac{1}{4}(k_B)_{\kappa\lambda\mu\nu}B^{\kappa\lambda}B^{\mu\nu}\tag{6.21}$$

$$\mathcal{L}_{\text{gauge}}^{\text{CPT-odd}}=(k_3)_\kappa\epsilon^{\kappa\lambda\mu\nu}\text{tr}\left[G_\lambda G_{\mu\nu}+\frac{2\text{i}}{3}g_3G_\lambda G_\mu G_\nu\right]+(k_2)_\kappa\epsilon^{\kappa\lambda\mu\nu}\text{tr}\left[W_\lambda W_{\mu\nu}+\frac{2\text{i}}{3}gW_\lambda W_\mu W_\nu\right]+(k_1)_\kappa\epsilon^{\kappa\lambda\mu\nu}B_\lambda B_{\mu\nu}+(k_0)_\kappa B^\kappa\tag{6.22}$$

其中 CPT 不变的规范场的 LSV 参数$(k_A)_{\kappa\lambda\mu\nu}(A=G,W,B)$满足 Riemann 张量的对称性,即

$$(k_A)_{\kappa\lambda\mu\nu}=-(k_A)_{\lambda\kappa\mu\nu}=-(k_A)_{\kappa\lambda\nu\mu}=(k_A)_{\lambda\kappa\nu\mu}\tag{6.23}$$

且满足所谓的双迹为零条件$(k_A)^{\mu\nu}_{\ \ \mu\nu}=0$,即排除了 Lorentz 不变的部分。另外还满足$\epsilon^{\lambda\kappa\mu\nu}(k_A)_{\lambda\kappa\mu\nu}=0$,因为任何反对称部分仅仅贡献一个表面项。当然,前提是$(k_A)_{\lambda\kappa\mu\nu}$为常数,若$(k_A)_{\lambda\kappa\mu\nu}$是时空的函数,则有可能贡献额外的 CP 破缺项,从而和轴子相关。综上所述,这些要求使得每个$(k_A)_{\lambda\kappa\mu\nu}$仅有 19 个独立变量。

对于 CPT 破缺项(即 CPT-odd 项),从理论角度讲,这些项都不是理论偏好的,因为它们会引入能量非正定,产生不稳定性问题,所以在一般的 Lorentz 对称性检验的探讨中我们通常会忽略这些项。当然,另一个忽略它们的原因是至少对于光子项,利用遥远星体产生的光的偏振探测可以约束其诱导的真空双折射,既有的实验对这些参数给出$|k_{AF}|<10^{-43}$ GeV[102-104]的极强约束,换言之,已有的天文学观测几乎已经排除了这些项的存在。另外注意到,这些项在 Lagrangian 水平上都不是规范不变的,然而理论作规范变换后产生的新的项都是表面项,因而在作用量层次仍然可认为是规范不变的。有意思的是,$(k_2)_\kappa$、$(k_3)_\kappa$等项还是 Chern-Simons项,可由费米子的 CPT 破缺算符的辐射修正诱导产生[105-108]。也就是说,虽然树图水平上我们可以一开始就排除这些 CPT-odd 的规范相互作用,然而辐射修正仍然会将这些项带回理论,故而仍然需要认真考虑,至少在理论自洽的意义上。

6.2.5 最小 SME 小结

综上,最小 SME 中的所有可能的 Lorentz 对称性破缺算符给出的 Lagrangian 为

$$\delta\mathcal{L}_{\text{LV}}=\{[\mathcal{L}_{\text{lepton}}^{\text{CPT-even}}+\mathcal{L}_{\text{quark}}^{\text{CPT-even}}+\mathcal{L}_{\text{gauge}}^{\text{CPT-even}}]+[\text{CPT-odd terms}]\}+\mathcal{L}_{\text{Yukawa}}^{\text{CPT-even}}+\mathcal{L}_{\text{B-W-}\phi}^{\text{CPT-even}}+\mathcal{L}_{\phi^2}^{\text{LV}}\tag{6.24}$$

从有效场论的观点，当然可以有无穷尽的量纲计数不可重整的 LSV 算符，它们同样也可按照 CPT 的性质分为 CPT 奇、偶两大类。至少对纯运动学项，对应算符的分类已经由 Mewes、Kostelecý等人完成，感兴趣的读者可参看文献[88]～[90]；而对相互作用项的分类在规范作用部分也基本完成，可参看文献[109]。事实上，在某些情形下如超对称 QED，不可重整项的引入会使 LIV 的理论更加自然，可规避所谓的自然性疑难或精细调节问题。

6.3 SME 的一些相关问题

实际上，即使是最小 SME 还有许多重要的问题。比如引入的 LSV 参数即使去除了那些与度规张量 $\eta^{\mu\nu}$，全反对称张量 $\varepsilon^{\mu\nu\rho\sigma}$ 的某些组合成比例的系数外，即排除了实际上 Lorentz 不变的自由度后仍然并非完全独立，因为并非所有引入的不可约的 LSV 参数都是可观测量①。这就是所谓场的重定义问题。另外，一旦考虑引力还可以允许更加丰富的数学结构，比如 Finsler 几何。当然，引力部分的定域 Lorentz 对称性破缺更加复杂，会带来许多有趣而繁复的问题，例如 Lorentz 对称性破缺的引力和 Riemann 几何的相容性问题[87]，定域 Lorentz 对称性的破缺机制问题②，当然也包括若是明显破缺，则与之相容的几何是否是 Finsler 几何等问题[110]。与引力相关的现象学问题包括引力对 LSV 参数的屏蔽效应、LSV 的引力-自旋耦合，LSV 引起的丰富的等效原理的检验[111-113]等，可参看相关文献[87，114-115]。限于篇幅，本书不讨论这些涉及引力的问题，希望未来能有机会详细探讨。

在此，我们将用一个简单的例子来讨论 SME 中场的重定义问题。之所以出现场的重定义，是因为类似于规范场本身并非可观测量③，可观测的仅是规范协变的规范场的场强，同样理论中定义的 LSV 参数也并非必然意味着 Lorentz 对称性破缺。毕竟有可能通过场及坐标的重新定义引入表面上破缺 Lorentz 对称性的项。特别地，如果 LSV 参数刚好扮演了类似于平直时空中度规张量 $\eta_{\mu\nu}$ 的角色，则完全可以通过场的重定义部分吸收或者转移掉这些参数。一个明显的例子即是

---

① 这是从纯理论角度而言的，并未考虑某一特定实验观测中涉及的参数本身，因为对于该类观测简并而只能限定其有限的少于自由参数个数的独立组合。

② 即 Lorentz 对称性破缺是自发破缺还是明显破缺的问题，这涉及高能物理的结构及细节。

③ 虽然规范 4-矢量本身确实有可观测的物理效应——Aharonov-Bohm 效应，这可以认为是规范场的非平庸拓扑引起的一种量子效应。

费米子的 LSV 项，见式(6.16)，其中的 $c_{\mu\nu}$ 参数其作用非常类似于度规张量 $\eta_{\mu\nu}$[97]。所以可将其通过坐标的重定义 $x^\mu \to x^\mu + c^\mu_\nu x^\nu$ 在该参数的线性阶上去除，如此则可将其转换为光子项的 LSV 参数

$$(k_F)^\alpha_{\mu\alpha\nu} \to (k_F)^\alpha_{\mu\alpha\nu} + 2c_{\mu\nu} \tag{6.25}$$

对应，与之正交的线性组合 $(k_F)^\alpha_{\mu\alpha\nu} - 2c_{\mu\nu}$ 就不是实验可探测的 LSV 参数[111]。

下面以 CPT 破缺（自然也是 LSV 破缺①）的费米子的 Lagrangian

$$\mathcal{L}_{ab}^{\text{CPT-odd}} = \frac{i}{2}\bar{\psi}\gamma^\nu \overleftrightarrow{\partial}_\nu \psi + m\bar{\psi}\psi - \bar{\psi}[a_\mu + b_\mu\gamma_5]\gamma^\mu\psi \tag{6.26}$$

为例，阐述场的重定义和 Lorentz 破缺的可观测性。初看起来，常矢量 a_μ，b_μ 破缺了 Lorentz 和 CPT 对称性。然而，我们可以考虑费米子在旋量空间的相位变换 $\psi \to \psi' = e^{i\Phi(x)}\psi$，于是有

$$\psi' = e^{i\Phi(x)}\psi, \quad \partial_\mu\psi' = e^{i\Phi(x)}[\partial_\mu + e^{-i\Phi(x)}(\partial_\mu e^{i\Phi(x)})]\psi \tag{6.27}$$

$$\bar{\psi}' = \bar{\psi}\gamma^0 e^{-i\Phi(x)^\dagger}\gamma^0, \quad \partial_\mu\bar{\psi}' = [(\partial_\nu\bar{\psi})\gamma^0 e^{-i\Phi(x)^\dagger} + \bar{\psi}\gamma^0(\partial_\nu e^{-i\Phi(x)^\dagger})]\gamma^0 \tag{6.28}$$

将 $\Phi(x) = (b_\mu\gamma_5 - a_\mu)x^\mu \equiv (b\gamma_5 - a)\cdot x$ 代入式(6.27)和式(6.28)，若满足 $a^\mu, b^\mu \in \mathbb{R}$，可得

$$\begin{aligned}\frac{i}{2}\bar{\psi}'\gamma^\nu\overleftrightarrow{\partial}_\nu\psi' - \bar{\psi}'m\psi' &\xlongequal{\psi' = e^{i\Phi}\psi} \left[\frac{i}{2}\bar{\psi}\gamma^\nu\overleftrightarrow{\partial}_\nu\psi - \bar{\psi}m\psi\right] \\ &\quad + \bar{\psi}[b_\nu\gamma_5 + a_\nu]\gamma^\nu\psi - m\bar{\psi}(e^{2ib\gamma_5\cdot x} - 1)\psi\end{aligned} \tag{6.29}$$

由上式可见对于单一费米子②的作用量，单纯的 a^μ 项实际上是可以通过旋量空间的相位变换消去的，所以不是一个真实可测量的 LSV 系数。同样，如果是无质量费米子与规范场的耦合，即费米子不仅有 $U(1)$ 的守恒流 j^μ，且有手征对称性的守恒流 j_5^μ，则式(6.26)中的 $-\bar{\psi}[a_\mu + b_\mu\gamma_5]\gamma^\mu\psi$ 可以作上面所说的相位变换消掉，从而本质上仍然是 Lorentz 不变的 Lagrangian，虽然看起来是破缺 Lorentz 对称性的。当然，有两点需要注意：

(1) 质量的存在使得手征守恒流 j_5^μ 不再是守恒的，因为质量项实际上混合了左右手费米子，即 $\bar{\psi}_L\psi_L = \bar{\psi}_R\psi_R = 0$，所以此时 b_μ 项不可再由相位变换消除了。

(2) 如果有多个费米子，且费米子间有混合，如中微子[97]，或者存在费米子与外场（如引力场）的相互作用，那么并非 a^μ 的所有分量都可被相位变换消

---

① 按照第 4 章介绍的反 CPT 定理，CPT 对称性破缺→Lorentz 对称性破缺。

② 当然可包括单费米子，如电子，和光子这样的 $U(1)$ 规范场的相互作用，此时仅需将式(6.29)中的偏微分算符换成协变微分算符。

除掉[116]。

更一般地，可以考虑费米子的如下变换：

$$\psi(x) \to \exp[1 + \upsilon(x) \cdot \Gamma]\psi(x) \tag{6.30}$$

式中，Γ 可表示诸如 γ^μ，$\gamma_5\gamma^\mu$，$\sigma^{\mu\nu}$ 等 Dirac 伽马矩阵，$\upsilon(x)$ 则是具有合适的与 Γ 矩阵时空指标缩并的相应指标的复函数，不过为了简洁我们忽略了指标。该变换自然包含了之前提到的 a_μ，b_μ 的变换，且在该变换下可由 Lorentz 不变的 Lagrangian 算符得到一系列表面上看起来破缺 LS 的算符。自然，可由其反变换消除掉有效作用量中对应的 LSV 参数从而得到独立可观测的 LSV 参数及组合。

因为 Lorentz 破缺的参数耦合即使存在，在通常低能的能标范围内其数量级也必然非常微小(不考虑引力屏蔽效应)，故而可从微扰意义上去定义，并利用场的重定义以确定独立的破缺 Lorentz 对称性的有效参数。更为细致的讨论和计算细节可参见文献[90]。

第7章 Lorentz 破缺的量子电动力学简介

本章我们将讨论如何由标准模型扩展(SME)给出 Lorentz 对称性破缺(LSV)的量子电动力学的 Lagrangian。接下来讨论 LSV 对光子、电子等量子电动力学(QED)基本粒子的运动学带来的最明显的改变,即对其相对论能动量关系,亦称为色散关系的修正,而粒子色散关系的修正又会带来丰富的 LSV 的现象学。

如果不考虑光子、电子间的相互作用,Lorentz 对称性破缺对光子、电子将带来十分多样化的色散关系和运动模式。首先,光子、电子均具有两个极化模式。以光子为例,这两个模式可取作两个正交的线偏振模式,或更方便地取作两个左、右旋偏振模式。具体用哪种模式的分解依赖于实际求解的物理问题。类似于光子的左、右旋偏振模式的分解,电子也有类似的模式分解,对应的是螺旋度——自旋在动量方向的投影,由此可得左手、右手两个极化模式。其次,通常情况下,高度对称的 Lorentz 不变的真空意味着光子(或电子)的两个极化模式是平权的,均以相同速度在真空中传播。然而对于存在非零背景张量场的真空,通俗地讲,相当于真空有了确定的方向。换言之,或可将真空想象为某种晶体,产生了晶向,自然也就破缺了旋转和推促对称性。这也意味着,光速不但有微弱的方向和能量依赖,而且其极化矢量还会在星系尺度的传播距离中发生偏转,从而产生所谓的"真空双折射"现象。类似地,电子的极化方向也会在真空传播中产生偏转,因而在磁场存在时会产生额外的进动(precession)现象。

当然,如果考虑光子、电子间的相互作用,Lorentz 对称性破缺将在微观层面产生更为丰富有趣的现象学效应。比如 LSV 可能导致因为极高能电子的真空速度超光速而诱发的真空 Cerenkov 辐射,高能光子的三光子劈裂 $\gamma\to3\gamma$,高能电子对的产生 $e^-\to e^-+e^++e^-$ 等现象。当然,除了这些完全为标准 QED 的严格对称性禁戒的过程,Lorentz 对称性破缺也会对诸多已知的 QED 现象带来新的修正。

最明显的比如 Penning 阱中运动离子的回旋频率（cyclotron frequency）及 Larmor 频率（Larmor frequency）可能存在方向依赖，进而产生由于地球自转、公转带来的微弱的恒星日或恒星年调制现象（sidereal day or sidereal time dependence）。另外，原子钟中的原子（例如氢原子、铯原子）的不同精细能级间的跃迁频率也会存在类似的调制现象；极高能光子和 CMB 光子发生反应生成正负电子对的过程 $\gamma+\gamma_{\mathrm{CMB}}\to e^{+}+e^{-}$，其反应阈值也会因为 Lorentz 对称性破缺存在微弱修正。

总之，由于 QED 是目前已知最清楚也是最为精确的理论，相比于标准模型的其他部分，比如强作用的 QCD，弱作用和引力作用，其作为检验 Lorentz 对称性的目标"实验场"存在一些天然的优势：

（1）标准模型中的 QED 是已知的检验最为深入的理论，其实验精度和理论计算的符合度相当好。例如，对于电子反常磁矩的 4 圈计算结果与实验观测完全吻合[7]，$a_{\mathrm{e}}=\dfrac{g-2}{2}\equiv 1\,159\,652\,181.606(11)(12)(229)\times 10^{-12}$。

（2）不同于 QCD 或弱作用部分，QED 自成体系。在某些 QED 现象，例如 $e^{+}+e^{-}\to 2\gamma$ 以及 $e^{-}+\gamma\to e^{-}+\gamma$ 中，背景相当干净，基本不存在其他相互作用的干扰（当然，若考虑高阶圈图计算必然存在 SM 中其他部分的贡献）。这当然也和上面说的理论计算与实验的高精度吻合紧密相关。如果背景复杂，存在诸如弱作用甚至强作用的污染，则很难有如此高的理论计算精度。高精度、低背景的 QED 实验因而成为检验 Lorentz 对称性和 CPT 对称性破缺的理想"实验场"。

（3）标准模型中的 QED 不仅严格满足 Lorentz 对称性 $U(1)_{\mathrm{e}}$ 的规范对称性，以及 CPT 对称性，还严格满足 C、P、T 这些组分的分立对称性。因而任何 Lorentz 对称性破缺或 CPT 破缺现象，甚或额外的 P 宇称、C 宇称破缺等都必然表现出对标准模型的 QED 的偏离。

下面先从最小 SME 给出 Lorentz 对称性破缺的量子电动力学，尔后计算其对应的能动量关系，即色散关系。我们将重点阐明推演色散关系的 3 种方法，分别是直接求解场方程、路径积分和程函方程方法。最后，我们将举例讨论 QED 相关的 Lorentz 对称性破缺的现象学。

7.1　Lorentz 对称性破缺的 QED

为得到 QED 部分的 Lagrangian，我们采取标准的程式：将 SME 的拉氏量在 $SU(2)_{\mathrm{L}}\times U(1)_{\mathrm{Y}}$ 破缺的真空处展开，然后把胶子场 G_{μ}、中间玻色子 Z^{0} 和 $W^{\pm}$ 以

及纯粹的 Higgs 场部分扔掉，注意保留 Yukawa 相互作用中和轻子耦合的部分，并仅保留 Higgs 的真空期望部分，以得到轻子部分的质量项。因中微子不带电，在限制于讨论 QED 部分时也可扔掉。这样得到的 QED 部分如下：

$$\mathcal{L}^{\text{QED}}_{\text{lepton-photon}} = \frac{\mathrm{i}}{2}\overline{l_A}\gamma^\mu \overleftrightarrow{D}_\mu l_A - m_A\overline{l_A}l_A - \frac{1}{4}F_{\mu\nu}F^{\mu\nu} \tag{7.1}$$

$$\begin{aligned}\mathcal{L}^{\text{even}}_{\text{lepton}} =& -\frac{1}{2}(H_1)_{\mu\nu AB}\overline{l_A}\sigma^{\mu\nu}l_B + \frac{\mathrm{i}}{2}(c_1)_{\mu\nu AB}\overline{l_A}\gamma^\mu\overleftrightarrow{D}^\nu l_B \\ &+ \frac{\mathrm{i}}{2}(d_1)_{\mu\nu AB}\overline{l_A}\gamma_5\gamma^\mu\overleftrightarrow{D}^\nu l_B\end{aligned} \tag{7.2}$$

$$\mathcal{L}^{\text{odd}}_{\text{lepton}} = -(a_1)_{\mu AB}\overline{l_A}\gamma^\mu l_B - (b_l)_{\mu AB}\overline{l_A}\gamma_5\gamma^\mu l_B \tag{7.3}$$

$$\mathcal{L}^{\text{even}}_{\text{photon}} = -\frac{1}{4}(k_{\mathrm{F}})_{\kappa\lambda\mu\nu}F^{\kappa\lambda}F^{\mu\nu} \tag{7.4}$$

$$\mathcal{L}^{\text{odd}}_{\text{photon}} = +\frac{1}{2}(k_{\mathrm{AF}})_\kappa\varepsilon^{\kappa\lambda\mu\nu}A_\lambda F_{\mu\nu} \tag{7.5}$$

注意：SM 及 QED 中诸代轻子间并不存在混合（引入超出 SM 的中微子质量项将使得轻子部分存在类似于夸克部分 CKM 矩阵的 PMNS 矩阵，从而也会引入混合）。但由上式可见最一般的 Lorentz 破缺项是存在 3 代轻子混合的可能性的，除非各个 Lorentz 破缺张量耦合常数在味空间是对角化的，比如 $a_{\mu AB} = \mathrm{diag}(a^{\mathrm{e}}_\mu, a^\mu_\mu, a^\tau_\mu)$。事实上如果不考虑中微子部分，轻子数守恒要求这些耦合常数在味空间是对角化的。所以这些一般性的 LSV 参数亦同时描述了味对称性的破缺。夸克部分也有类似于 QED 相互作用的 Lagrangian，它们与轻子之间仅通过电磁及弱作用相互联系，这是由 SM 的规范结构所决定的。因为除电子外，轻子中的 μ 子和 τ 子都不是稳定粒子，除了发生电磁相互作用，还存在弱衰变。而考虑纯粹 QED 的相互作用时，我们希望实验背景越干净越好，这样理论简单，实验测量也可以更加精确。所以我们约化可得仅有电子、光子作为基本自由度的 QED：

$$\mathcal{L}^{\text{LI}}_{\text{electron}} = \frac{\mathrm{i}}{2}\bar{\psi}\gamma^\mu\overleftrightarrow{D}_\mu\psi - m_e\bar{\psi}\psi \tag{7.6}$$

$$\mathcal{L}^{\text{even}}_{\text{electron}} = -\frac{1}{2}H_{\mu\nu}\bar{\psi}\sigma^{\mu\nu}\psi + \frac{\mathrm{i}}{2}c_{\mu\nu}\bar{\psi}\gamma^\mu\overleftrightarrow{D}^\nu\psi + \frac{\mathrm{i}}{2}d_{\mu\nu}\bar{\psi}\gamma_5\gamma^\mu\overleftrightarrow{D}^\nu\psi \tag{7.7}$$

$$\mathcal{L}^{\text{odd}}_{\text{electron}} = -a_\mu\bar{\psi}\gamma^\mu\psi - b_\mu\bar{\psi}\gamma_5\gamma^\mu\psi \tag{7.8}$$

其中，$D_\mu \equiv \partial_\mu + \mathrm{i}eA_\mu$，纯光子部分为

$$\mathcal{L}^{\text{LI}}_{\text{photon}} = -\frac{1}{4}F_{\mu\nu}F^{\mu\nu} \tag{7.9}$$

$$\mathcal{L}^{\text{even}}_{\text{photon}} = -\frac{1}{4}(k_{\mathrm{F}})_{\kappa\lambda\mu\nu}F^{\kappa\lambda}F^{\mu\nu} \tag{7.10}$$

$$\mathcal{L}_{\text{photon}}^{\text{odd}} = \frac{1}{2}(k_{\text{AF}})_\kappa \epsilon^{\kappa\lambda\mu\nu} A_\lambda F_{\mu\nu} \tag{7.11}$$

其中，$F_{\mu\nu} \equiv \partial_\mu A_\nu - \partial_\nu A_\mu$ 是 4-矢量 A^μ 对应的规范不变的场强张量。当然也可以一般性地考虑各种可能的 Lorentz 破缺项来引入满足 $U(1)_{\text{e}}$ 规范不变，时空平移不变等重要守恒律的 QED 的 Lagrangian，由此将得到在量纲计数可重整的情况下与上式一致的 Lagrangian，除此而外，还会出现以下诸项：

$$\mathcal{L}_{\text{electron}}^{\text{extra}} = \frac{\text{i}}{2}\bar{\psi}(\text{e}_\mu + \text{i}f_\mu\gamma_5)\overleftrightarrow{D}_\mu\psi + \frac{\text{i}}{4}g_{\lambda\mu\nu}\bar{\psi}\sigma^{\lambda\mu}\overleftrightarrow{D}^\nu\psi \tag{7.12}$$

这些项都是 CPT 变换下变号的。之所以不能通过 SME 的 QED 约化得到式(7.12)，是缘于其和 SM 的电弱规范结构不相容。当然，若其来自于高阶的不可重整项，其原初对应算符仍可能与电弱规范相容，如此则式(7.12)是 Higgs 获得真空期望时给出的有效形式。比如 $|e|$，$|f| \sim \langle r_\phi \rangle / M_{\text{Planck}}$，$|g| \sim \langle r_\phi \rangle / M_{\text{Planck}}$ 表示忽略Lorentz指标时这些常数的量级。当然通过场的重定义，我们可以消掉部分参数，从而 QED 在 Lorentz 破缺的大质量压低下的领头阶可表述为

$$\mathcal{L}_{\text{electron}} = \frac{1}{2}\text{i}\bar{\psi}\Gamma^\mu\overleftrightarrow{D}_\mu\psi - \bar{\psi}M\psi \tag{7.13}$$

$$\Gamma^\mu = \gamma^\mu + c^{(\nu\mu)}\gamma_\nu + d^{(\nu\mu)}\gamma_5\gamma_\nu + \frac{1}{2}\text{i}g^{\lambda\nu\mu}\sigma_{\lambda\nu} \tag{7.14}$$

$$M = m + b_\mu\gamma_5\gamma^\mu + \frac{1}{2}H_{\mu\nu}\sigma^{\mu\nu} \tag{7.15}$$

其中，$(ab) \equiv \frac{1}{2}(ab + ba)$。下面我们重点阐述光子部分的 Lagrangian 并推演相应色散关系。电子部分的与之类似，故而我们只给出结果。

7.2 Lorentz 破缺的色散关系

首先阐明为什么我们要着重阐述如何计算色散关系。原因有两点：

(1) 我们知道量子场论的主要目的在于计算散射振幅，而散射振幅又可以通过 LSZ 约化公式和 N-点 Green 函数联系起来。为了计算 N-点 Green 函数，我们最好能够知道场方程的严格解。这只对自由场或极少数相互作用可以做到，而对绝大多数相互作用的场是没办法严格求解的。然而真正有趣的是相互作用场。故而我们退而求其次，先找到理论的经典场位型，也就是势能泛函的极小值点(如某个亚稳态真空)；然后把理论在该极小点——经典场位型处做微扰展开。通常我们会做的均为场的平方近似，即谐振子近似，这和路径积分中我们只会处理

Gaussian 型积分是一致的。为此，我们先要计算自由场方程的解，得出相应的2-点 Green 函数，然后把相互作用项作为微扰，通过泛函微商计算辐射修正以得到完整的 2-点 Green 函数，即传播子的解。以此为基础通过泛函变分可把 N-点 Green 函数表示成 2-点传播子的积分函数，然后代入 LSZ 约化公式得到我们所需的 S 矩阵元，最终得到散射振幅的解。由此可见，求得自由场方程的解，即获得自由传播粒子的色散关系是微扰计算的基础。

(2) 是由研究问题的性质所决定的。对于大多数新物理而言(LHC 上产生 Higgs 粒子及 Higgs 粒子衰变，或者超对称伴子的计算分析例外，这里可能需要考虑辐射修正)，我们无须考察高阶圈图修正项。因为新粒子或新的相互作用项(比如某类对称性禁戒算符)的引入可能导致对标准模型的偏离，而假定微扰计算仍然适用，则领头阶的新物理修正必然来自于考虑了新粒子的传播子或相互作用顶点的树图项，无须考虑高阶圈图修正。事实上，即使新物理本身来源于可重整项的圈图修正，在低能标下仍将表现为很可能不可重整的有效场算符，因而基于包含了该算符的树图计算已经足以在领头阶上反映其对 SM 的偏离。而 Lorentz 对称性破缺(LSV)之所以会成为量子引力等甚高能新物理的极佳窗口的原因正在于，允许 LSV 不仅意味着低能物理自由度的运动学必然改变，因而很可能不再严格遵守狭义相对论给出的能动量关系 $E^2 - \boldsymbol{p}^2 c^2 = m^2 c^4$，也必然导致低能物理动力学的改变①。这可以从式(7.7)中的后两项看出来。当然即使这些破缺了粒子 Lorentz 对称性的相互作用项，由于仍然满足观者的 Lorentz 对称性，其形式依然受到很强的约束而十分有限。一旦粒子的运动学不再受到严格 Lorentz 对称性的约束，哪怕是对严格对称性相当小的偏离，也会在粒子传播和粒子反应②上带来可观测的影响。后面的讨论中我们将给出更详细的分析。

当然也要注意到，一旦确定了理论的 Lagrangian，在某些情形下我们仍然有必要计算辐射修正。

(1) 基于理论的自洽性要求。对于量纲计数可重整的 LSV 项，因为失去了 Lorentz 对称性的保护，故而确有必要计算诸如三角反常在内的圈图引起的量子修正或者计算其他辐射修正引入的有效相互作用项。

① 实际上，三角反常涉及的守恒流和规范场耦合，所以必须保证规范对称性

---

① Lorentz 对称性对定域相互作用的量子场论的构造及动力学都是相当强的约束，详见 S. Weinberg的《场的量子理论・基础》[35]。

② 尤其是诸如 $\gamma + \gamma_{\mathrm{CMB}} \rightarrow e^+ + e^-$ 和 $\bar{\nu}_e + \nu_{e\mathrm{CR}} \rightarrow Z$ 之类的存在阈值的粒子反应，其中 γ_{CMB} 和 $\nu_{e\mathrm{CR}}$ 分别代表大爆炸遗留的 CMB 光子和宇宙背景中微子。

不会因为量子修正而破坏，这自然给出了反常相消约束。这种约束对于某些规范群[如 $SU(n)$，$n\geqslant 3$ 或 $U(1)$群]并不必然满足，必须有该规范群的相应费米子表示来满足，这自然对费米子自由度和规范群内容提出了要求。巧合的是，对于已知的三代夸克、三代轻子而言，强作用和电弱作用的标准模型刚好满足这个要求。

② 正如有效场论中虽然无质量费米子的强相互作用遵从手征对称性，但与荷电费米子存在的电磁耦合导致的辐射修正会破坏树图水平上的手征对称性一样，因为某些原因(如宇宙学尺度传播的光子极化测量的实验约束)在树图水平扔掉的某个场的 LSV 相互作用项，如光子的 Chern-Simons 项的 LSV 系数 $(k_{\mathrm{AF}})_\mu$ 在计算荷电费米子的辐射修正后仍然会由 $-b_\mu\bar{\psi}\gamma_5\gamma^\mu\psi$ 项重新引入，因而完整的有效理论必须包括光子的 Chern-Simons 项。

(2) 另一个计算辐射修正的原因更多的来自于实验约束的困难。应该注意到，虽然随着技术进步及实验精度的提高，诸多 Lorentz 破缺项可直接利用相关实验以极高的精度直接约束之，然而对于某些算符，直接的高精度实验检测并不容易。此时一个经济的办法是利用辐射修正的计算将该算符和其他 LSV 算符联系起来，即利用理论计算通过对某些 LSV 参数已知的实验限制间接约束另一些 LSV 参数。例如，费米子的 LSV 参数 f^μ 与 $c^{\mu\nu}$ 间，或者费米子的 LSV 参数 b^μ 与光子的 LSV 参数 $(k_{\mathrm{AF}})_\mu$ 间均可利用辐射修正相互联系，那么已知 $c^{\mu\nu}$ 和 $(k_{\mathrm{AF}})_\mu$ 的实验限制即可分别导出对 f^μ 及 b^μ 的半理论约束。

然而对于大多数情形，Lorentz 对称性的检验确实仅需树图计算。虽然探测 LSV 效应的确需要非常高的实验精度，但 LSV 效应的计算首要关心的是有无，而有无的解决一般而言使用树图计算已经足够了，这也暗合有效场论的精神。接下来，我们将以纯光子为例分别由 Fourier 变换、路径积分和程函方程给出其色散关系。其他粒子色散关系的讨论与之类似，故本书不作进一步地讨论。

7.2.1 Fourier 变换

下面我们以光子为例讨论。纯光子部分的 Lagrangian 为

$$\mathcal{L}_{\text{photon}}=-\frac{1}{4}F_{\mu\nu}F^{\mu\nu}-\frac{1}{4}(k_{\mathrm{F}})_{\kappa\lambda\mu\nu}F^{\kappa\lambda}F^{\mu\nu}+\frac{1}{2}(k_{\mathrm{AF}})_\kappa\varepsilon^{\kappa\lambda\mu\nu}A_\lambda F_{\mu\nu}\tag{7.16}$$

式中，无量纲系数 $(k_{\mathrm{F}})_{\kappa\lambda\mu\nu}$ 具有和 Riemanian 张量相同的对称性。一方面，由于我们扔掉了可通过吸收到场模的重定义而不破缺 Lorentz 对称性的项，所以该参数是双无迹张量，即 $\mathrm{tr}[(k_{\mathrm{F}})_{(\kappa\lambda)(\mu\nu)}]=0$；另一方面，由式(7.10)可看出，$(k_{\mathrm{F}})_{(\kappa\lambda)(\mu\nu)}$ 对于括号内的两对指标分别是反称的，但不能是全反称的，否则会出现类似于 QCD 中导致强 CP 破坏的 θ 项，故而我们扔掉该系数中正比于 $\varepsilon^{\kappa\lambda\mu\nu}$ 的部分。这样可得

$(k_F)_{\kappa\lambda\mu\nu}$ 的独立分量有 19 个[①]。而 CPT 变换下为奇的算符对应的 LSV 系数 $(k_{AF})_\kappa$ 有 4 个独立变量。注意：不同于 $(k_F)_{\kappa\lambda\mu\nu}$ 项，虽然 $(k_{AF})_\kappa$ 项在 Lagrangian 意义上不满足规范不变要求的，但其在作用量意义上仍然是规范不变的。这可由对应的Euler-Lagrangian 方程明显看出来。对作用量求变分可得光子场的运动方程

$$\partial^\alpha F_{\mu\alpha} + (k_F)_{\mu\alpha\beta\gamma}\partial^\alpha F^{\beta\gamma} + (k_{AF})^\alpha \varepsilon_{\mu\alpha\beta\gamma}F^{\beta\gamma} = 0 \tag{7.17}$$

显然该方程是规范不变的。为了一窥该方程的解的特征，我们可利用 Fourier 展开，

$$A_\mu(x) \equiv \int \mathrm{d}^3 p \exp(-\mathrm{i}p\cdot x)a_\mu(p) \tag{7.18}$$

我们把式(7.17)变换到动量空间

$$M_{\mu\nu}(p)a^\nu(p) = 0 \tag{7.19}$$

其中

$$M_{\mu\nu}(p) = \eta_{\mu\nu}p^2 - p_\mu p_\nu - 2(k_F)_{\kappa\lambda\mu\nu}p^\kappa p^\lambda - 2\mathrm{i}(k_{AF})^\kappa \varepsilon_{\mu\kappa\lambda\nu}p^\lambda \tag{7.20}$$

事实上，很容易验证式式(7.20)的行列式 $\det[M_{\mu\nu}(p)] = 0$[②]，这缘于方程式(7.17)在 $U(1)_{\mathrm{em}}$ 的规范变换 $A_\mu(x) \to A_\mu(x) + \partial_\mu \Lambda(x)$ 下具有不变性，即满足 $M_{\mu\nu}(p)p^\nu = 0$。为得到物理的偏振模式，可作规范固定，如选取 Lorenz 规范

$$\partial_\alpha A^\alpha = 0 \tag{7.21}$$

即 $p_\alpha a^\alpha(p) = 0$，这等价于在原 Lagrangian 式(7.16)中加上规范固定项 $-\frac{1}{2\xi}\cdot(\partial\cdot A)^2$，由此可得规范固定的场方程为式(7.17)左边加上一项 $-\frac{1}{\xi}\partial_\mu(\partial\cdot A)$，这相当于矩阵约化为

$$M^{gf}_{\mu\nu}(p) = \eta_{\mu\nu}p^2 - 2(k_F)_{\mu\kappa\lambda\nu}p^\kappa p^\lambda - 2\mathrm{i}(k_{AF})^\kappa \varepsilon_{\mu\kappa\lambda\nu}p^\lambda \tag{7.22}$$

代入规范固定的约化矩阵式(7.22)后矩阵方程式(7.19)有非平庸解的条件是 $\det[M^{gf}_{\mu\nu}(p)] = 0$。由此可得一个关于 4-动量 p^μ 的 8 阶多项式方程。首先注意到由于 Lorentz 对称性不再严格成立，不同的规范选取意味着不同的约化矩阵，从而得到的方程的形式也可能不同。当然，规范不变性意味着最后的物理自由度仍然是相同的。

---

① 注意 $(k_F)_{\kappa\lambda\mu\nu}$ 满足 Riemanian 张量的对称性。故该张量的独立分量为 $\frac{1}{2}(C_N^2+1)C_N^2 - (N-4)!\ C_N^4$，减掉部分是因为 Bianchi 恒等式 $(k_F)_{\kappa[\lambda\mu\nu]} = 0$，另外由指标对无迹要求又减掉 1，令 $N = 4$，即得 19。

② 比如利用 Mathematica 等数学软件直接计算。

(1) 对于严格满足 Lorentz 对称性的光子场，原先的 8 阶方程实际上是简并的，且由于此时 $M_{\mu\nu}$ 对于 $p^\mu \to -p^\mu$ 或者 $(p^0, \boldsymbol{p}) \to (p^0, -\boldsymbol{p})$ 是对称的，对应于光子场即满足空间反演不变性和时间反演不变性。不失一般性，可以选定 $\hat{e}_z = \boldsymbol{p}/|\boldsymbol{p}|$ 为运动方向，Lorenz 规范 $p_\alpha a^\alpha(p) = 0$ 意味着 a^α 的 4 个分量中时性分量 a^0 和轴分量 a^z 并非独立的。然而 Lorenz 规范仍然没有完全消除规范自由度，我们知道电磁场是横向的，完整的规范固定可选择 Coulomb 规范，$\nabla \cdot \boldsymbol{a} = 0$。对应于 $\boldsymbol{p} = (0,0,p)$，Coulomb 规范 $\boldsymbol{p} \cdot \boldsymbol{a} = 0$ 给出 $\boldsymbol{a}_3 = 0$，即只留下两个横向($\boldsymbol{a} \perp \boldsymbol{p}$)的极化自由度，而它们在 Lorentz 不变的情形下是简并的，均满足 $p^2 = 0$。另外注意到光子是自身的反粒子，在 Lorentz 不变的情形下同样是简并的，其色散关系满足 $p^0 = \pm|\boldsymbol{p}|$。总而言之，Lorentz 不变的光子场只有两个简并的物理振动模式(故其解亦相同)。

(2) 一般而言，非零的 Lorentz 破缺耦合常数 k_{F} 和 k_{AF} 意味着，不同物理自由度间的简并会被解除。然而，由于方程本身存在的对称性，例如，式(7.20)在 $p^\mu \to -p^\mu$ 和 $k_{\mathrm{AF}} \to -k_{\mathrm{AF}}$ 的联合变换下是不变的，故而对于每一个解 $p^0(\boldsymbol{p}, k_{\mathrm{F}}, k_{\mathrm{AF}})$，必存在另一个解 $-p^0(-\boldsymbol{p}, k_{\mathrm{F}}, -k_{\mathrm{AF}})$。而矩阵式(7.20)的厄米性则要求 $\det[M^{gf}_{\mu\nu}(p)] = \det[M^{gf}_{\mu\nu}(p)^*]$，故而对于方程的每一个解 $-p^0(-\boldsymbol{p}, k_{\mathrm{F}}, -k_{\mathrm{AF}})$，必存在另一个解 $-p^0(-\boldsymbol{p}, k_{\mathrm{F}}, k_{\mathrm{AF}})$。这表明虽然 LSV 破除了解的简并性，然而对应于物理自由度的解本身并未加倍。不过对应于两个横向物理振动模式的简并的解除意味着 Lorentz 破缺的真空表现得更像存在各向异性的光学晶体，因而将导致十分有趣的真空双折射现象。特别地，因为处于某个特定偏振态的光(如左旋偏振)总可以表示为两个不同物理极化态的叠加，而两个极化态间简并的解除则意味着随着光子沿特定方向的传播，其初始偏振态会发生变化，甚至出现退极化现象。

为得到矢量形式的 Maxwell 方程，可对 $(k_{\mathrm{F}})_{\mu\kappa\lambda\nu}$ 按 P 宇称变换作重参数化：

$$(k_{\mathrm{DE}})^{jk} \equiv -2(k_{\mathrm{F}})^{0j0k}, \quad (k_{\mathrm{HB}})^{il} \equiv \frac{1}{2}(k_{\mathrm{F}})^{jkmn}\varepsilon^{ijk}\varepsilon^{lmn}$$

$$(k_{\mathrm{DB}})^{jk} \equiv -(k_{\mathrm{HE}})^{kj} \equiv \frac{1}{2}(k_{\mathrm{F}})^{0jmn}\varepsilon^{kmn} \tag{7.23}$$

其中，k_{DE}、k_{HB} 为偶宇称，k_{DB}、k_{HE} 为奇宇称，并且由 Bianchi 恒等式 $(k_{\mathrm{F}})_{\kappa[\lambda\mu\nu]} = 0$[①] 可知后两者是无迹矩阵。而由 k_F 是双迹为零的张量，可得 $\mathrm{tr}[k_{\mathrm{DE}} + k_{\mathrm{HB}}] = 0$。减掉矩阵的迹，我们可定义新的无迹张量如下：

① $(k_{\mathrm{F}})_{\kappa[\lambda\mu\nu]} = \frac{1}{3!}\{(k_{\mathrm{F}})_{\kappa\lambda\mu\nu} + (k_{\mathrm{F}})_{\kappa\mu\nu\lambda} + (k_{\mathrm{F}})_{\kappa\nu\lambda\mu}\}$

$$\beta_E^{ij} = (k_{DE})^{ij} - \alpha\delta^{ij}, \quad \beta_B^{ij} = (k_{HB})^{ij} + \alpha\delta^{ij}$$
$$\gamma^{ij} = (k_{DB})^{ij} = -(k_{HE})^{ij} \tag{7.24}$$

其中

$$\alpha = \frac{1}{3}\mathrm{tr}(k_{DE}) = -\frac{1}{3}\mathrm{tr}(k_{HB}) \tag{7.25}$$

最简单情形对应于某个特定参考系中 Maxwell 方程存在转动不变性，这意味着只有 α，$(k_{AF})^0$ 两参数非零，相应的式(7.22)矩阵显式如下：

$$M^{red}(p) =$$
$$\begin{pmatrix} p^2 - a\boldsymbol{p}^2 & \alpha p^0 p^1 & \alpha p^0 p^2 & \alpha p^0 p^3 \\ \alpha p^0 p^1 & -(p^2 + \alpha((p^0)^2 + \boldsymbol{p}^2 - (p^1)^2)) & \alpha p^1 p^2 + 2\mathrm{i}k_{AF}^0 p^3 & \alpha p^1 p^3 - 2\mathrm{i}k_{AF}^0 p^2 \\ \alpha p^0 p^2 & \alpha p^1 p^2 + 2\mathrm{i}k_{AF}^0 p^3 & -(p^2 + \alpha((p^0)^2 + \boldsymbol{p}^2 - (p^2)^2)) & \alpha p^2 p^3 + 2\mathrm{i}k_{AF}^0 p^1 \\ \alpha p^0 p^3 & \alpha p^1 p^3 + 2\mathrm{i}k_{AF}^0 p^2 & \alpha p^2 p^3 - 2\mathrm{i}k_{AF}^0 p^1 & -(p^2 + \alpha(p^0)^2 + \boldsymbol{p}^2 - (p^3)^2) \end{pmatrix} \tag{7.26}$$

其行列式为

$$\det[M^{red}(p)] = \{4(k_{AF}^0)^2\boldsymbol{p}^2 - [(1+\alpha)(p^0)^2 - (1-\alpha)\boldsymbol{p}^2]^2\}(1+\alpha)(p^2)^2$$

由 $\det[M^{red}(p)] = 0$ 可给出色散关系，其一为 Lorentz 不变的 $p^2 = 0$，另一为

$$(p^0)^2 = \frac{1}{(1+\alpha)}[(1-\alpha)\boldsymbol{p}^2 \pm 2k_{AF}|\boldsymbol{p}|] \tag{7.27}$$

类似地，亦可由矩阵 $M^{red}(p)$ 的行列式得到更为一般的不满足转动不变性的 LSV 的色散关系。接下来我们讨论一种更形式化的方法——路径积分。

7.2.2　路径积分

Feynman 路径积分是得到色散关系的天然途径。因为色散关系本质上是动量空间中两点传播子的逆。而由量子场论[35]我们知道除了正则量子化方法，Feynman路径积分也是得到 Feynman 规则的有效手段。实际是，Feynman 路径积分作为量子力学的积分形式，在非阿贝尔场及电弱自发破缺的非阿贝尔场的量子化上显示了极为强大的作用，而在计算诸如手征反常等量子效应上则展示出非凡的明晰性。此外，路径积分在量子统计力学，瞬子及与之相关的 θ-真空、强 CP 问题等的处理上也体现了正则方法所难以企及的简洁与高效。

特别地，因对自由场而言通常仅涉及场的二次项，对应泛函积分严格可积。当然，这也从另一个角度回答了为何在微扰计算中传播子是最基本的[117]，因为对应于二次型的严格积分恰好对应于正则方法中严格求解谐振子方程。而谐振子是目前已知的极少可严格求解的解析范例，这恰恰构成一般情形下微扰计算的基础[118]。以光子场为例，其 N-点 Green 函数的生成泛函为

$$Z[J^{\mu}] = N\int DA_{\mu}\exp\left\{i\int d^4x\mathcal{L}_{\text{photon}} - \frac{1}{2\xi}(\partial\cdot A)^2 + A_{\mu}J^{\mu}\right\} \tag{7.28}$$

式中，$-\frac{1}{2\xi}(\partial\cdot A)^2 = -\frac{1}{2\xi}(\partial_{\mu}A^{\mu})^2$ 是规范固定项，$\xi=1$ 对应于 Lorentz 规范式(7.21)。对式(7.28)做分部积分，我们可得

$$Z[J^{\mu}] = \int DA_{\mu}\exp\left\{i\int d^4x\left(\frac{1}{2}A_{\mu}D^{\mu\nu}A_{\nu} + A_{\mu}J^{\mu}\right)\right\} \tag{7.29}$$

譬如，对式(7.16)中的 $\mathcal{L}_{\text{photon}}$，可得相应的微分算子[119-121]

$$D^{\mu\nu} = \Box\eta^{\mu\nu} - \left(1-\frac{1}{\xi}\right)\partial^{\mu}\partial^{\nu} + S^{\mu\nu} \tag{7.30}$$

其中

$$S^{\mu\nu} = -2(k_F)^{\mu\kappa\lambda\nu}\partial_{\kappa}\partial_{\lambda} - 2\varepsilon^{\mu\kappa\lambda\nu}(k_{AF})_{\kappa}\partial_{\lambda} \tag{7.31}$$

标记 Lorentz 破缺项的贡献。注意式(7.29)中指数项是积分变量 A_{μ} 的二次项，故可写成 Gauss 型积分，利用泛函积分公式[117]

$$\int D\phi\exp\left\{\int\left[-\frac{1}{2}\phi\mathcal{A}\phi + J\phi\right]d^4x\right\} = \exp\left[\frac{1}{2}\int d^4x d^4y J(x)\mathcal{A}^{-1}J(y)\right](\det\mathcal{A})^{-\frac{1}{2}} \tag{7.32}$$

我们很容易得到流 J_{μ} 的配分函数

$$Z[J^{\mu}] = \exp\left\{-\frac{i}{2}\int dxdyJ^{\mu}(x)\Delta_{\mu\nu}(x-y)J^{\nu}(y)\right\} \tag{7.33}$$

式中，$\Delta_{\mu\nu}(x-y)$是 2-点 Green 函数，即光子传播子

$$\langle 0|T(A_{\mu}(x)A_{\nu}(y))|0\rangle = i\Delta_{\mu\nu}(x-y) \tag{7.34}$$

其与算符 $D^{\mu\nu}$ 互逆，

$$D^{\mu\beta}\Delta_{\beta\nu}(x-y) = \delta^{\mu}_{\nu}\delta(x-y) \tag{7.35}$$

在物理上，式(7.35)表达的是质壳条件(色散关系)对应的恰是动量空间中传播子的逆，或 2-点 Green 函数的极点。这实际上给出了计算色散关系的更有效的方法，即将 Lagrangian 写成式(7.29)中的形式，其中的微分算子即是对应的 $D^{\mu\nu}$，而 $D^{\mu\nu}$ 在动量空间中可表示为

$$\Sigma(p)_{\nu\rho} = -\left[p^2\eta_{\nu\rho} - \left(1-\frac{1}{\xi}\right)p_{\nu}p_{\rho}\right] + 2(k_F)_{\nu\mu\kappa\rho}p^{\mu}p^{\kappa} - 2i\varepsilon_{\nu\mu\kappa\rho}p^{\mu}(k_F)^{\kappa} \tag{7.36}$$

事实上，注意 $\Sigma(p)_{\nu\rho}|_{\xi=1} = -M^{gf}(p)_{\nu\rho}$，其行列式为零的解自然给出的恰好是色散关系。

注意：以上只是领头阶计算的结果，更严格的计算则需考虑相互作用项对传播子的贡献，由路径积分计算给出考虑了新物理 1-圈修正甚至完整传播子的解。

下面我们将该方法应用于其他的 Lagrangian，进而验证该方法的一般性。

先考虑 EFT 框架内的 LSV 的领头阶，即量纲为 5 的不可重整算符[122]

$$\delta\mathcal{L}_{\text{photon}} = \frac{\xi}{2M_{Pl}}\varepsilon^{\mu\nu\kappa\rho}n^{\alpha}F_{\alpha\rho}n\cdot\partial(n_{\kappa}F_{\mu\nu}) \tag{7.37}$$

此处是通过引入时性的 4-矢量 n^{μ} 来明显破缺 Lorentz 对称性。由此得到相应的微分算子为

$$D^{\mu\nu} = \Box\eta^{\mu\nu} - \left(1-\frac{1}{\zeta}\right)\partial^{\mu}\partial^{\nu} - \frac{2\xi}{M_{Pl}}n\cdot\partial(n\cdot\partial n_{\kappa}\partial_{\mu}\varepsilon^{\nu\mu\kappa\rho} + n_{\kappa}\partial_{\mu}\partial_{\alpha}\varepsilon^{\nu\mu\kappa\alpha}n^{\rho}) \tag{7.38}$$

式中，选取了 ζ-规范，我们可选取 $\zeta=1$ 的 Lorenz 规范固定项并变换到动量空间，可得对应的约化矩阵为

$$\Pi(p)^{\nu\rho} = -p^2\eta^{\nu\rho} - \frac{2\mathrm{i}\xi}{M_{Pl}}(\varepsilon^{\nu\mu0\rho}p_0^2p_{\mu} + \varepsilon^{\nu\mu0\alpha}p_0p_{\mu}p_{\alpha}\delta_0^{\rho}) \tag{7.39}$$

进而由其行列式

$$\det\Pi(p) = \det\begin{pmatrix} -p^2 & 0 & 0 & 0 \\ 0 & p^2 & -\mathrm{i}\frac{2\xi}{M_{Pl}}(p^0)^2p^3 & \mathrm{i}\frac{2\xi}{M_{Pl}}(p^0)^2p^2 \\ 0 & \mathrm{i}\frac{2\xi}{M_{Pl}}(p^0)^2p^3 & p^2 & -\mathrm{i}\frac{2\xi}{M_{Pl}}(p^0)^2p^1 \\ 0 & -\mathrm{i}\frac{2\xi}{M_{Pl}}(p^0)^2p^2 & \mathrm{i}\frac{2\xi}{M_{Pl}}(p^0)^2p^1 & p^2 \end{pmatrix}$$

$$= p^4\left(\left(\frac{2\xi}{M_{Pl}}\boldsymbol{p}\right)^2(p^0)^4 - p^4\right) = 0 \tag{7.40}$$

可得色散关系

$$(p^0)^2 = \boldsymbol{p}^2 \pm \frac{2\xi}{M_{Pl}}(p^0)^2|\boldsymbol{p}| \tag{7.41}$$

其近似解为

$$p^0 = |\boldsymbol{p}|\sqrt{1\pm\frac{2\xi}{M_{Pl}}(p^0/|\boldsymbol{p}|)^2|\boldsymbol{p}|} \approx |\boldsymbol{p}|\left(1\pm\frac{\xi|\boldsymbol{p}|}{M_{Pl}}\right) \tag{7.42}$$

可见量纲为 5 的 LSV 算符将导致光子色散关系的 $\mathcal{O}\left(\frac{|\boldsymbol{p}|}{M_{Pl}}\right)$的线性修正。

接下来考虑 Horava-Lifshitz 的作用量。Horava 的想法是将时空看成具有叶状结构的微分流形：其中时间对应一个特殊的方向，而每个类空曲面都有其自身的演化。以时间为根茎，每个类空曲面构成一叶，故而时空具有保叶状结构的微分同胚不变性。Horava 等人随后将该想法进一步推广到平直时空下的纯粹场论[123-124]。相对于 Maxwell 电磁理论，$z=2$ 的动力学临界因子会自然导致光子的

领头阶修正项是量纲为6的算符,其作用量可表示为

$$S=\frac{1}{2}\int\mathrm{d}t\mathrm{d}^Dx\frac{1}{g_E^2}\left(\boldsymbol{E}^2-\sum_{J\geqslant 2}\frac{1}{g_E^{J-2}}\sum_{n=0}^{nJ}(-1)^n\frac{\lambda_{J,n}}{M^{2n+\frac{1}{2}(D+1)(J-2)}}\partial^{2n}\star{}^*\boldsymbol{F}^J\right)\tag{7.43}$$

注意:此中的 ∂^{2n} 是纯粹空间分量的微分算子。对作用量(7.43)作量纲分析,立即可以得到诸耦合常数的量纲如下:

$$[g_E]_s=\frac{1}{2}(z-D)+1,\quad [\lambda_{J,n}]_s=z+D+\frac{1}{2}(z-D-2)J-2n\tag{7.44}$$

这里需要特别注意区分两类量纲:一个是所谓的标度量纲(scaling dimension),即式(7.44)中的量纲,可用s(scaling)标记,此即所谓的时空的非匀标度变换的标度;另一个是质量量纲,时空的非匀标度变换并不影响质量量纲的计数,例如对于作用量式(7.43),虽然其满足 $t\to\lambda^z t$, $\boldsymbol{r}\to\lambda\boldsymbol{r}$,故有标度量纲

$$[t]_s=-z,\quad [x]_s=-1,\quad [A^0]_s=+z,\quad [A^j]_s=+1\tag{7.45}$$

然而其质量量纲保持不变,

$$[t]_M=[x]_M=-1,\quad [A^0]_M=[A^j]_M=+1$$

$$[g_E]_M=\frac{3-D}{2},\quad [\lambda_{J,n}]_M=0\tag{7.46}$$

注意:由式(7.44)中的耦合常数可知临界维度,即 $[g_E]_s=0$ 时 $D=z+2$。对三维空间临界维度给出 $z=1$,对应的正是我们熟知的3+1维时空,相应理论即Lorentz不变的Maxwell规范理论。本例中我们取 $z=2$, $D=3$,那么量纲计数可重整(power-counting renormalizable)要求 $[\lambda_{J,n}]_s\geqslant 0$。对于自由场, $J=2$,由式(7.44)给出 $n\leqslant z-1$。对于 $n=0$,可取 $\lambda_{2,0}=1/2$ 以给出Maxwell理论的Lagrangian①,进而得到规范固定后的最多到 $n=1$ 的自由光子场的Lagrangian为

$$\begin{aligned}\mathcal{L}_{\text{free}}&=\frac{1}{g_E^2}\left\{\boldsymbol{E}^2-\frac{1}{2}F_{ij}F^{ij}-\frac{\lambda_{2,1}}{M^2}\left[\partial_iF_{ik}\cdot\partial_jF_{jk}+\partial_iF_{jk}\cdot\partial_iF_{jk}-\frac{1}{2\xi}(\partial\cdot A)^2\right]\right\}\\&=\frac{1}{2g_E^2}A_\nu\left\{\left[\Box\eta^{\nu\rho}-\partial^\nu\partial^\rho\left(1-\frac{1}{\xi}\right)\right)-\frac{3\lambda_{2,1}}{M^2}\Delta(\Delta\delta_{kj}-\partial_k\partial_j]\delta_k^\nu\delta_j^\rho\right\}A_\rho\\&\quad+\cdots\end{aligned}\tag{7.47}$$

其中,后一步已作分部积分变换,与前一等式差一个全微分,以省略号标记。由上

① 这样可保证Horava-Lifshitz的电磁理论在红外时可恢复到Lorentz不变的Maxwell电磁理论。

式可得对应微分算子在动量空间中的实现(取 $\xi=1$)为

$$\Xi(p)^{\nu\rho}=-p^2\eta^{\nu\rho}+\frac{3\lambda_{2,1}\boldsymbol{p}^2}{M^2}\delta_k^\nu\delta_j^\rho(p_kp_j-\boldsymbol{p}^2\delta_{jk}) \tag{7.48}$$

对应的色散关系为

$$p^2=0,\quad (p^0)^2=\boldsymbol{p}^2\left(1+\frac{3\lambda_{2,1}}{M^2}\boldsymbol{p}^2\right) \tag{7.49}$$

由式(7.49)中的第二式可看出 $z=2$ 情形的 Lifshitz 电磁理论给出的光子色散关系的首阶修正为 $\mathcal{O}\left(\left(\frac{|\boldsymbol{p}|}{M_{Pl}}\right)^2\right)$的平方压低。

7.2.3 程函方程

对于电磁场,我们也可通过求解程函方程得到色散关系。当然除此而外,利用程函方程还可获取更多有用的信息(可参阅文献[125])。实际上,程函方程对应于波动光学的短波近似,或称为几何近似。求解程函方程,即将关注的重心从单个粒子的轨迹转移到整束粒子的波动(此处波动意指经典的 Maxwell 电磁波动,而非量子力学中的概率波)产生的二维类空等相面,从而波前(或称波阵面)构成了一个因果分界面,亦可看作光锥的一个时间截面,如图 7.1 所示。以向右传播的平面波为例,其在某个瞬时的波前是一个与右向传播的波矢正交的平面,该平面左方是该瞬时已受到电磁扰动的区域,而其右方是尚未受到电磁扰动的区域。可见该平面是该瞬时的一个因果分界面,即光锥的时间切片,见图 7.1(彩图 6)[①]。这意味着在该分界面上的场必然取临界值,即场对于波矢方向的空间变量在该切片上的取值必然是非连续的,所以场的时间微商在该切片上也必然是奇异的。

即使考虑 Lorentz 对称性破缺,由于实验给出的 LSV 参数的上限都非常小,这意味着在低能域即使存在 Lorentz 对称破缺,也必然非常微小,可以看作微扰。因而在实验室参考系下,仅会对 Lorentz 不变的光锥产生极小的扰动和扭曲。所以,在微扰意义下,该扭曲的光锥面仍然是因果分界面。场在入射波前作为光锥原点产生的诸多光锥上的时间切片的包络面(即波前)上的时间微商必然也是奇异的,由此则可推演出波前满足的微分方程。同样的处理也可进一步推广到存在局域 LSV 的弯曲时空中光子场的传播。至于是否可以考虑 LSV 的费米子的程函

---

① 图 7.1 中为直观,仅展示了 x,y 的二维空间方向,此时光锥的时间切片看起来像是一个截面圆。注意在实际 z 轴未被压缩的三维空间该一维圆线对应于二维的球面,这对应于光源在原点。而平面波相当于多个点源位于某一初始平面的球面波的叠加(即 Huygens 原理),那么其波前的时间切片仍然是垂直于波矢的类空平面,见图 7.1(b)。

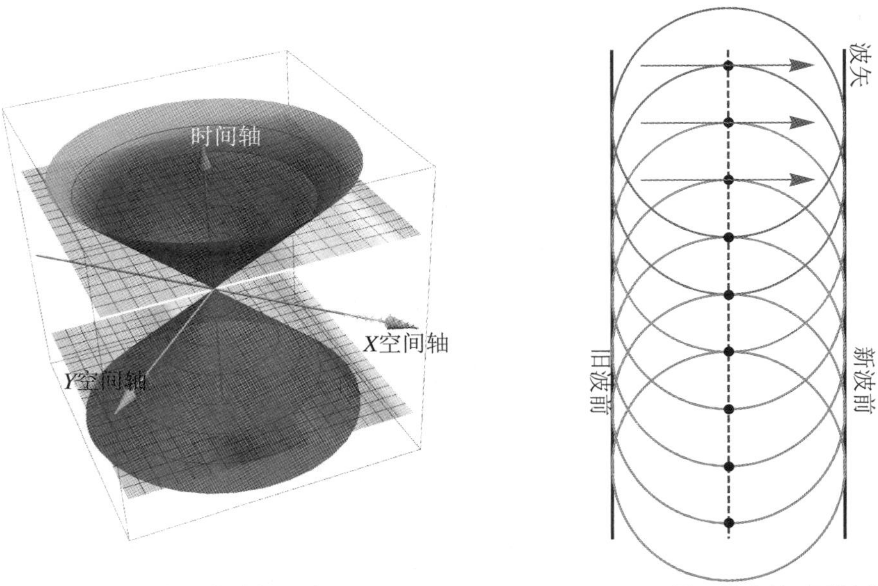

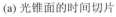

(a) 光锥面的时间切片　　(b) Huygens原理给出的平面波的波前

图 7.1　光锥面的时间切片与 Huygens 原理给出的平面波的波前

注：图(a)是光锥及其与过去未来某时刻的两个横截面——两类空曲面。因为我们压缩了空间的 z 方向以显示直观的光锥图像，故光锥的时间切片(图中表现为紫色截面圆)在三维空间中实际上是一个二维球面。图(b)展示了平面波前的传播，这相当于多个点源处于同一平面，每一点源对应一光锥，从而其等相位面按 Huygens 原理为各自传播的波前在同一时刻的包络面，所以也是平面。

近似则是值得探讨的有趣课题。

下面仍以式(7.16)为例展开讨论。因为 k_{AF} 项会引起能量负定问题——对应能谱无下界，存在稳定性问题。为简便计，我们扔掉该项并假定 $\gamma^{ij}=\alpha=0$。于是式(7.24)中仅剩下 β_E,β_B 这 10 个独立参数，对应的 Lagrangian 为

$$\mathcal{L}_{\text{photon}} = \frac{1}{2}(\boldsymbol{E}^2 - \boldsymbol{B}^2) + \frac{1}{2}[(\beta_E)^{jk}E^jE^k - (\beta_B)^{jk}B^jB^k] \tag{7.50}$$

相应的 Maxwell 方程组为

$$\begin{aligned} &\nabla\cdot E + \partial_i(\beta_E)^{ij}E^j = 0 \\ &\varepsilon_{ijk}\partial_j B^k - \dot{E}^i - (\beta_E)^{ij}\dot{E}^j + \varepsilon_{ijk}\partial_j(\beta_B)^{kl}B^l = 0 \end{aligned} \tag{7.51}$$

$$\nabla\cdot B = 0,\quad \nabla\times E + \dot{B} = 0 \tag{7.52}$$

方程组(7.52)来自于 Bianchi 恒等式 $\partial_\mu {}^*F^{\mu\nu}=0$，其中 ${}^*F^{\mu\nu}=\frac{1}{2}\varepsilon^{\mu\nu\beta\gamma}F_{\beta\gamma}$。下面假设 t 时刻的波前函数为 $t=f(x,y,z)$，即 $t-f(x,y,z)=0$；写成关于时间、空间对等的形式，即隐函数形式 $\omega(t;x,y,z)=0$。我们先讨论 Lorentz 不变的程函方程 $(\nabla f(x,y,z))^2=n^2$，其中 n 为折射率，譬如真空中 $n=1$。程函方程的明显

Lorentz 不变的形式为

$$\left(\frac{\partial \omega}{\partial t}\right)^2 - (\nabla \omega)^2 = 0 \tag{7.53}$$

记某一波阵面上的场 $u(x,y,z,t)$ 为 $u_0(x,y,z) \equiv u(f(x,y,z);x,y,z)$，此时有

$$\frac{\partial u_0}{\partial x^i} = \frac{\partial u}{\partial x^i} + \frac{\partial u}{\partial t}\frac{\partial f}{\partial x^i} \tag{7.54}$$

类似地，波前上的电磁场矢量满足

$$\frac{\partial E_0^i}{\partial x^j} = \frac{\partial E^i}{\partial x^j} + \partial_j f \dot{E}^i, \quad \frac{\partial B_0^i}{\partial x^j} = \frac{\partial B^i}{\partial x^j} + \partial_j f \dot{B}^i \tag{7.55}$$

由于方程式(7.55)是线性的，我们可以得到

$$\nabla \times E_0 = \nabla \times E + \nabla f \times \dot{E} \tag{7.56}$$

然后利用 Bianchi 恒等式(7.52)的第二式，可得

$$\nabla \times E_0 = -\dot{B} + \nabla f \times \dot{E} \tag{7.57}$$

类似地，由式(7.51)、式(7.52)中的其他方程可进一步得到以下诸式：

$$\nabla \cdot [(1+\beta_E)\cdot E_0] = \nabla f \cdot [(1+\beta_E)\cdot \dot{E}], \quad \nabla \cdot B_0 = \nabla f \cdot \dot{B} \tag{7.58}$$

$$\nabla \times E_0 = -\dot{B} + \nabla f \times \dot{E}$$

$$\nabla \times [(1+\beta_B)\cdot B_0] = [(1+\beta_E)\cdot \dot{E}] + \nabla f \times [(1+\beta_B)\cdot \dot{B}] \tag{7.59}$$

然后将∇f 和式(7.59)两等式作内积，可得到

$$\nabla f \cdot \nabla \times E_0 = -\nabla f \cdot \dot{B}$$

$$\nabla f \cdot \nabla \times [(1+\beta_B)\cdot B_0] = \nabla f \cdot [(1+\beta_E)\cdot \dot{E}]$$

比较这两式与式(7.58)的两等式，可得

$$\nabla f \cdot \nabla \times E_0 + \nabla \cdot B_0 = 0 \tag{7.60}$$

$$\nabla f \cdot \nabla \times [(1+\beta_B)\cdot B_0] - \nabla \cdot [(1+\beta_E)\cdot E_0] = 0 \tag{7.61}$$

注意：式(7.60)、式(7.61)均只与波前上的电磁场和波前函数 f 有关，故尚不足以确定波前函数。事实上，任一确定瞬时 $t = t_0$ 时，$f(x,y,z)$ 为一常数，$\nabla f = 0$；或者波前的法向 ∇f，也即波矢方向与波前上的场在 LSV 修正下的正交方向相垂直时，式(7.60)、式(7.61)的首项均为零，两等式约化为式(7.51)、式(7.52)方程组的两个首方程。故我们需指定恰当的初始条件。

接下来我们作矢量代数的外积运算，由式(7.58)、式(7.59)得

$$\begin{aligned}\nabla f \times [(1+\beta_B)\cdot \nabla \times E_0] = (1+\beta_E)\cdot \dot{E} - \nabla \times [(1+\beta_B)\cdot B_0] \\ + \nabla f \times [(1+\beta_B)\cdot (\nabla f \times \dot{E})]\end{aligned} \tag{7.62}$$

重新整理式(7.62)，可得

$$(1+\beta_E)\cdot \dot{E} + \nabla f \times [(1+\beta_B)\cdot (\nabla f \times \dot{E})]$$

$$= \nabla f \times [(1+\beta_B)\cdot \nabla\times E_0] + \nabla\times[(1+\beta_B)\cdot B_0] \tag{7.63}$$

类似地,我们可得到关于磁场的等式

$$\dot{B} + \nabla f \times [(1+\beta_E)^{-1}\cdot\{\nabla f\times((1+\beta_B)\cdot\dot{B})\}]$$
$$= \nabla f\times\{(1+\beta_E)^{-1}\cdot(\nabla f\times[(1+\beta_B)\cdot B_0])\} - \nabla\times E_0 \tag{7.64}$$

注意式(7.63)、式(7.64)两式的左边只是和波前函数以及电场、磁场的时间微商 $\dot{E}$,$\dot{B}$ 相关,而两式的右边则仅是和波前上的电磁场 E_0,B_0 相关。且两式的左边均可写成矩阵形式

$$M_e\cdot\dot{E} \equiv (1+\beta_E)\cdot\dot{E} + \nabla f\times[(1+\beta_B)\cdot(\nabla f\times\dot{E})] \tag{7.65}$$

$$M_b\cdot\dot{B} \equiv \dot{B} + \nabla f\times\{(1+\beta_E)^{-1}\cdot(\nabla f\times[(1+\beta_B)\cdot\dot{B}])\} \tag{7.66}$$

其中

$$(M_e)^{ij} = [1-(\nabla f)^2]\delta^{ij} + f_i f_j + (\beta_E)^{ij} - \varepsilon^{ink}\varepsilon^{jml} f_n f_m\,(\beta_B)^{kl} \tag{7.67}$$

$$(M_b)^{ij} = \delta^{ij} - \varepsilon^{ink}\varepsilon^{jml} f_n f_m W^{kl} - \varepsilon^{isk}\varepsilon^{nml} f_s f_m W^{kl}\,(\beta_B)^{nj} \tag{7.68}$$

我们定义 $W^{ij}=[(1+\beta_E)^{-1}]^{ij}$。根据之前提到的因果性要求,波前上电磁场的时间微商必然是奇异的,由此可得式(7.63)、式(7.64)的对应矩阵,即式(7.65)、式(7.66)中 M_e、M_b 必然是退化的,其行列式为零。否则若给点特定波前的函数及其上的电磁场,原则上可由式(7.63)、式(7.64)这两式得到关于电场、磁场的时间微分。由此得到存在 Lorentz 对称性破缺($\beta_B\neq 0$,$\beta_E\neq 0$)下波前函数满足的两个微分方程 $\det(M_b)=0$,$\det(M_e)=0$。自洽性要求这两个微分方程给出的波前函数的解必相同。事实上可证明 $\det(M_b)\propto\det(M_e)$(可直接计算验证之)。

作为求解程函方程的一个特例,假定仅 $\sigma\equiv(\beta_B)^{12}=(\beta_B)^{21}\neq 0$,对应矩阵的行列式为

$$\det(M_e) = [1-(\nabla f)^2]\{[1-(\nabla f)^2]^2 + 2f_1 f_2\sigma[1-(\nabla f)^2] - f_3^2\sigma^2(\nabla f)^2\} \tag{7.69}$$

$$\det(M_b) = [1-(\nabla f)^2]\{[1-(\nabla f)^2+\sigma f_1 f_2]^2$$
$$-(f_1^2+f_3^2)(f_2^2+f_3^2)\sigma^2\} \tag{7.70}$$

且由以上行列式为零条件可得 3 个解,其一是 $(\nabla f)^2=1$,即通常的 Lorentz 不变的程函方程,对应的可能是非物理的纵向振动模式;另外两个解为

$$1-(\nabla f)^2 + \sigma f_1 f_2 \pm \sigma\sqrt{(f_1^2+f_3^2)(f_2^2+f_3^2)} = 0 \tag{7.71}$$

写成时空对等的隐函数形式,即

$$\left(\frac{\partial\omega}{\partial t}\right)^2 - (\nabla\omega)^2 + \sigma\left[\omega_1\omega_2 \pm \sqrt{(\omega_1^2+\omega_3^2)(\omega_2^2+\omega_3^2)}\right] = 0 \tag{7.72}$$

其中,$\omega_i\equiv\partial\omega/\partial x^i$。若 LSV 参数 $\sigma=0$ 时,则约化为式(7.53)。为求解程函方程,可利用几何光学与 Hamilton-Jacobi 方程的类比,先对式(7.72)作开方运算,得到

$$\frac{\partial\omega}{\partial t} + \sqrt{(\nabla\omega)^2 - \sigma\left[\omega_1\omega_2 \pm \sqrt{(\omega_1^2+\omega_3^2)(\omega_2^2+\omega_3^2)}\right]} = 0 \tag{7.73}$$

尔后将 $\omega(x,y,z;t)$ 看作哈密顿作用量 $S(q,P;t)$，相应的哈密顿量 $H\left(q,\frac{\partial S}{\partial q};t\right)$ 为

$$H(\omega_i) = \sqrt{(\nabla\omega)^2 - \sigma\left[\omega_1\omega_2 \pm \sqrt{(\omega_1^2+\omega_3^2)(\omega_2^2+\omega_3^2)}\right]} \tag{7.74}$$

式中，ω_i 可看作动量，问题转化为求解 Hamilton-Jacobi 方程

$$\dot{x}^i = \{x^i, H\} \tag{7.75}$$

求解之前，先注意式(7.74)不含有和 ω_i 共轭的正则变量，这自然给出动量 $k_i \equiv \omega_i$ 是守恒的；而由式(7.74)不明显依赖于时间，则可得 $\partial S/\partial t = -E = -k_0$。这自然给出色散关系

$$k^{0^2} = \boldsymbol{k}^2 - \sigma\left[k^1k^2 \pm \sqrt{(k^{1^2}+k^{3^2})(k^{2^2}+k^{3^2})}\right] \tag{7.76}$$

且可证明其与由场方程(7.17)出发并作 Fourier 变换(7.18)得到的色散关系是相同的。

另外，由式(7.76)我们注意到光子的色散关系依赖于极化取向，式(7.76)中"±"对应于不同的横向振动模式。这会导致所谓的真空双折射效应(birefringence)[85-86,126]。利用天文观测，例如 CMB 的能谱、γ 射线暴和射电星系的电磁观测，人们对可能引起真空双折射效应的 LSV 参数给出了相当强的限制，有兴趣的读者可参见文献[88]、[127]～[130]。

我们同样注意到，存在 LSV 的真空类似于各向异性的光学介质，因而不仅存在真空双折射和色散现象①，还存在非常丰富有趣的真空 Cherenkov 辐射现象[131]，这和介质中因为电子速度超光速而发生的 Cherenkov 辐射(如核反应堆的堆芯附近发生的蓝色辉光)类似。在色散光学介质中，群速度、相速度超光是被允许的，但总可以证明恰当定义的信号速度 v_s 不超光，即 $v_s<1$[132]。因而不存在违背因果规律的情况，类似的讨论对于 LSV 的真空一样成立，只是细致的分析涉及类空间隔的可观测量对应算符的两点关联函数的计算，感兴趣的读者可参见文献[85]～[86]、[133]～[136]。

---

①　简单地讲，即真空中传播的光速不仅依赖于偏振取向，也取决于光子的能量或者说频率。

7.3 Lorentz 破缺 QED 的现象学

因为篇幅限制，本节将以极高能宇宙线（UHECR）和 γ 射线暴（GRB）为例简要探讨下 Lorentz 对称性破缺诱导的现象学及相关实验约束。

7.3.1 极高能宇宙（UHECR）

首先简要介绍一下宇宙线，特别是极高能宇宙线（UHECR）。在 Becquerel 发现放射性后不久，人们注意到空气中每秒每立方厘米会电离产生 10～20 个离子。起初人们推断这种电离是地球自身放射性（比如镭、钍）的产物，果若如此则放射性必然随海拔高度增加而降低。然而 1910 年，Th. Wulf 利用静电计在 Eiffel 塔上观测发现放射性的降低并没有预料中的那么明显，于是推断或者空气对电离的吸收比人们想象的要弱，或者还存在地面以外的放射源。1912 年左右，V. F. Hess 开始利用热气球在 5 km 高空进行大气离子的放射性测量，发现电离度随高度升高不仅不减少，反而增加，并且利用日食期间的气球升空实验排除了以太阳作为辐射源的假设。1913～1914 年，德国物理学家 Kohlhörster 利用 9 km 高空的气球实验证实了 Hess 的发现，这种辐射已被命名为宇宙线。之后 Kohlhörster 和 Walther Bothe 合作利用 Geiger-Müller 探测器显示出宇宙线粒子是带电粒子，并具有很强的穿透力。早期的探险家在高山上研究宇宙线和地磁场间的关联。Arthur Compton 曾组织远征队在不同的地磁纬度进行宇宙线观测，确证宇宙线是带正电的粒子。1937 年，Pierre Auger 及其合作者利用若干 Geiger-Müller 计数器在高山上相隔上百米的地点同时观测，发现计数器的激发事件具有时间相关性。他们意识到这种现象实际上来自于原初宇宙线粒子在穿越大气层时产生的次级粒子流喷注。Kohlhörster 和 Rossi 在较早也做过类似的实验。然而 Auger 比他们更进一步，通过将海平面处与在瑞士海拔 3 500 m 高处少女峰上的宇宙线粒子喷注实验作比较和一些关于次级粒子传播的假设，Auger 推断出原初宇宙线粒子的能量至少为10^6 GeV。事实上，我们现今已观测到的宇宙线粒子的能量可以一直高到 100 EeV（10^{11} GeV）左右，并且粒子能量越高，单位时间单位面积的粒子流量越小。

可以从图 7.2 得到一个直观的概念：其中能量在 100 GeV 左右的粒子每平方米每秒大约可观测到 1 个，能量为10^6 GeV 的粒子则每平方米每年大约可观测到 1 个（又称为“膝区”），而 1 EeV 以上的粒子每平方千米每年大约可观测到 1 个（“踝区”)。可见,直接通过气球或卫星观测能量甚高的宇宙线粒子(能量大于100 TeV)是不可行的,这时通常需要面积至少达 10 000mm^2 的大气簇射探测器阵列来探测高能宇宙线粒子,比如在阿根廷 Amarilla 草原上,Pierre Auger 实验组的1 600个探测器构成的阵列(每个探测器间隔 1.6 km),其分布面积达到3 000 km^2,几乎和美国的 Rhode 岛一样大。我国在 UHECR 的观测上近年来贡献显著,比如探测器分布达到 6.57×10^4 km^2 的西藏羊八井宇宙线观测站(海拔4 300 m)观测到能量据估计高达 450 TeV[137]的 γ 射线事例。国内另一个突出进展则是高海拔宇宙线观测站(LHAASO)缪子探测器阵列新近在四川海子山(海拔4 400 m)部分建成,预计地面总探测面积达 7.8×10^4 km^{2}①。最令人惊喜的是该观测站在短短 11 个月

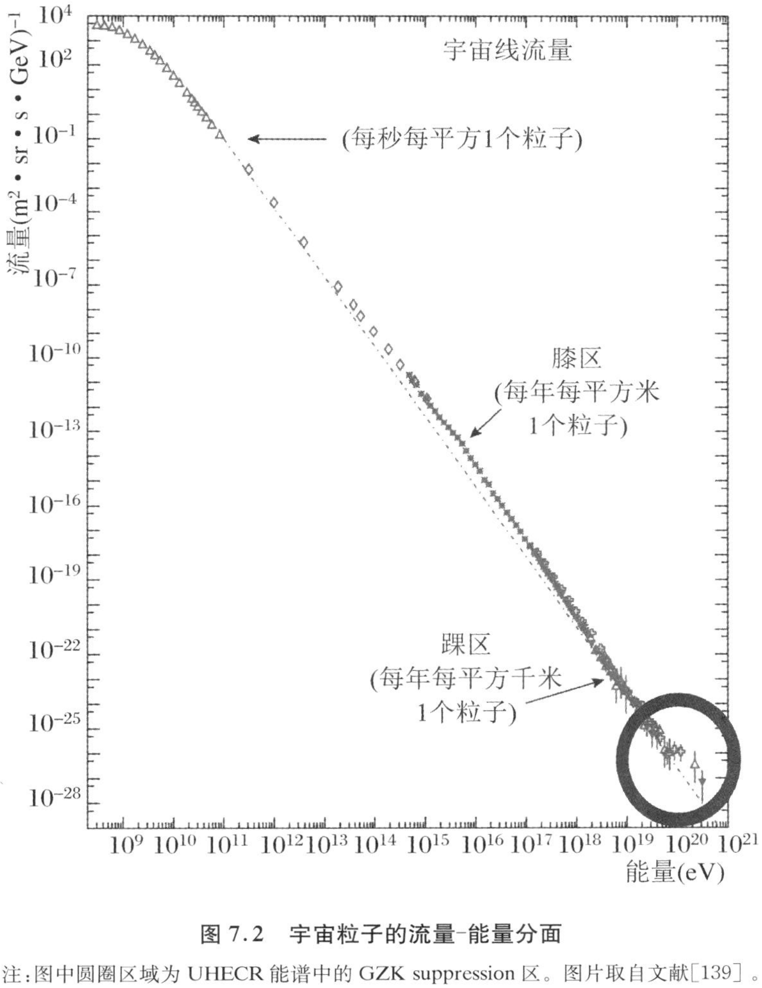

图 7.2　宇宙粒子的流量-能量分面

注:图中圆圈区域为 UHECR 能谱中的 GZK suppression 区。图片取自文献[139]。

---

① 数据来自高能所网站 http://english.ihep.cas.cn/lhaaso/doc/3403.html。

的运行中即观测到 12 例能量超过 1 TeV 的超高能光子事例，其中包括能量高达 1.4 PeV 的甚高能光子事例，是迄今人们观测到的最高能的 γ 光子事例[138]，可以预期未来 LHAASO 的持续观测将极大地增进人们对 UHECR 的认知①。

实际上，宇宙线一直是粒子物理新发现的源泉(例如正电子和 μ 轻子的发现)。虽然我们对低能宇宙线的能谱和物理已经有了相当的了解(得益于粒子物理的发展和低能宇宙线丰富的事例数)，然而对于高能宇宙线，尤其是能量高于 10 EeV以上的宇宙线粒子的产生及簇射机制，人们的认知仍十分有限。目前已有的探测手段包括高空卫星和热气球的直接俘获(仅对低能宇宙线有效)，地面大气簇射探测器阵列和大气荧光②探测望远镜。大气簇射探测器则分为闪烁探测器和水箱 Cerenkov 探测器，参见图 7.3。以 Pierre Auger 实验组为例，他们同时使用了 1 600 个Cerenkov探测器水箱构成的地面阵列和 4 个荧光望远镜阵列，多种观测手段的结合有助于提高观测精度和可信度(crosscheck)。与之相比，位于纳米比亚的 HESS 观测阵列则是由 5 个反射式望远镜构成的望远镜阵列，其中 4 个小望远镜镜面直径达 12 m，中间主望远镜镜面直径达 28 m。而位于墨西哥 Sierra Negra 火山山麓的海拔达 4 100 m 的 HAWC 宇宙线观测站则使用了 300 个水 Cherenkov 探测阵列③和 HESS，IceCube 及 Fermi 卫星等观测台的联合探测实现多波段、多信使观测。新近开始观测运行的 LHAASO 则同时运用了 12 台广角 Cerenkov 荧光望远镜阵列(WFCTA)，78 000 m^2 水 Cerenkov 探测器阵列(WCDA)和 1 km^2 电磁粒子探测器及有效面积 42 000 m^2 的缪子探测器阵列(KM2A)。当然，未来估计也会与 HAWC、ICECUBE 等多个国际 UHCER 天文台互动实现联合探测。

由于高能宇宙线的能量可以达到 100 EeV，远远高于目前人类制造的加速器所能达到的能量(同 14 TeV 相比，高 7 个数量级)，即使考虑极高能宇宙线粒子与大气中质子(氢离子)碰撞的质心能量，也要比 LHC 高大约 3 个数量级[与大气质子碰撞质心能对应于 LHC 质子对撞质心能的宇宙线粒子的能量在10^8 GeV 左右，示于图 7.4]。可见，对宇宙线的观测确实有可能揭示远高于地球加速器能标

---

① 譬如人们通常认为银河系内不太可能有 PeV 甚高能宇宙线加速区(极限能量预期在 100 TeV左右)，然而这 12 个事例及其可能分布表明银河系中 PeV 加速天体区并不十分罕见，且能谱显然不存在 100 TeV 的截断。

② 带电粒子激发大气中的氮原子，而后氮原子退激发释放出紫外辐射，对应波长在 300～400 nm。

③ HAWC 即高海拔水 Cherenkov 探测站(high altitude water cherenkov observatory)的缩写，其 300 个“大水罐”覆盖面积达 2.2×10^4 m^2。

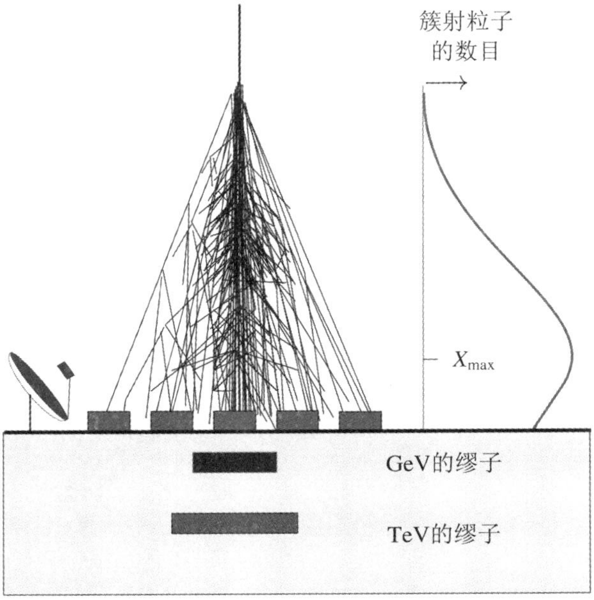

图 7.3　宇宙线粒子的大气簇射及观测手段示意图[146]

注：其中高能粒子在大气上方与大气分子散射诱发电磁和强子级联簇射。其中粒子数的大致分布示意于图右方曲线。按高度从高到低的空间分布可大致分为三类观测手段：聚焦大气 Cherenkov 辐射、氮激发的大气荧光的镜面及望远镜阵列，地面的装有纯水及光电倍增管探测 Cherenkov 辐射的水箱阵列，及地下探测簇射产生的 μ 子的 μ 子探测器阵列。

的新物理。新物理大致可分为两类：一类是产生如此高动能（宇宙线粒子可能主要由质子、氦、氮、碳及铁离子等构成，其静质量相对 EeV 量级的能量而言完全可以忽略不计）粒子的天文对应体是什么，是 AGN 还是相对论性超新星[142]，抑或黑洞等奇异天体？另外产生这些高能粒子的天体物理加速机制又是什么？主流的看法是源于在等离子体磁镜中粒子随机运动获取能量的费米加速机制①，或者源于白矮星、中子星等致密天体高速旋转的磁场所感生的电场对荷电粒子的直接加速。目前对该问题的理解，学界尚未获得一致，而对 UHECR 的持续观测研究终将揭开该谜题的神秘面纱，带来天体物理的巨大进步。另一类则是更加令人兴奋的基础物理的新发现：源于 UHECR 的极高能量，UHECR 的观测研究有望为人们在电弱能标（247 GeV）之上的“沙漠”中探寻可能的“绿洲”（某种新的粒子或对

① 物理图像上可将粒子和磁镜分别看作乒乓球和球拍，在粒子的静参考系中带电粒子的加速可视为由于球拍相对于乒乓球的运动而使乒乓球获得了能量。然而要注意到，实际加速粒子的仍然是电场，而非磁场。磁场只能带来粒子速度方向，而非大小的改变。

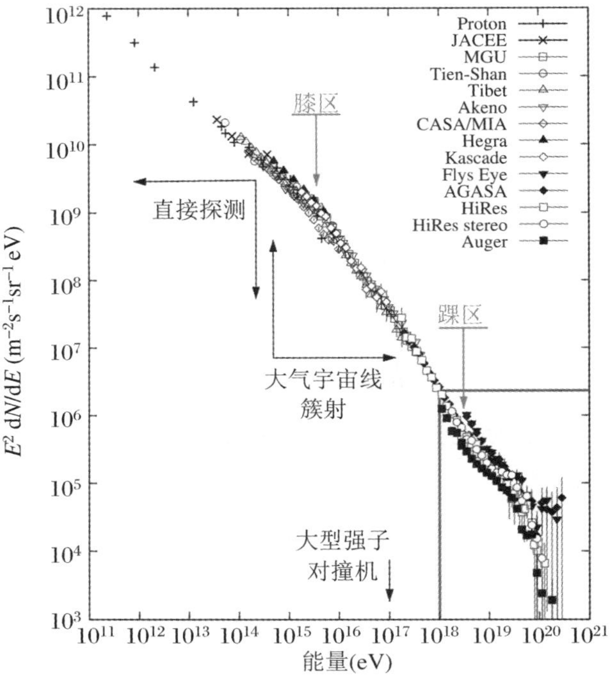

图 7.4　能量高于 100 GeV 的宇宙线粒子的能量平方-微分能谱乘积图[141]

注:其中宇宙线的膝、踝及等效于 LHC 质心能量的区域均以箭头示意,图中如 Proton、JACEE、MGU 等皆为要相关宇宙线探测器。

称性及破缺机制)指明方向。自然,这也使 UHECR 成为人们研究 Lorentz 对称性破缺的极佳客体。

7.3.2　Lorentz 破缺对 GZK 效应的影响

Lorentz 对称性表现在能动量关系 $p^2 = m^2$ 上,并对粒子的运动学给出了极强的限制。例如,无质量粒子的衰变过程 $\gamma \rightarrow e^+ + e^-$,$\gamma \rightarrow \gamma + \pi^0$ 因为能动量守恒及 Lorentz 对称性的禁戒实际上不可能发生;而诸如 $\gamma + \gamma \rightarrow e^+ + e^-$ 等反应则由于对称性限制仅在光子对的质心能量高于 $2m_e$ 时才可能发生,换言之,此类反应存在反应阈值。然而,如果 Lorentz 对称性存在微弱的破缺,那么受到 Lorentz 对称性禁戒的粒子反应就有可能发生;与之相关的,粒子在介质中的传播也会受到影响。因此,某些阈值极高的粒子反应自然成为人们验证 Lorentz 对称性的试金石,典型的例子即 UHECR 能谱的 GZK 压低。受 1965 年 A. Penzias、R. Wilson 发现2.73 K宇宙微波背景辐射(CMB,见图 7.5)的启发,K. Greisen、G. T. Zatsepin 和 V. A. Kuzmin 等人发现极高能宇宙线粒子和 CMB 光子的散射将引起 UHECR

粒子明显的能量损失，因而其能谱末端会存在陡峭的下降，这即是所谓的 GZK suppression[143-144]。一般而言，宇宙线粒子在其传播过程中会受到以下因素的影响：

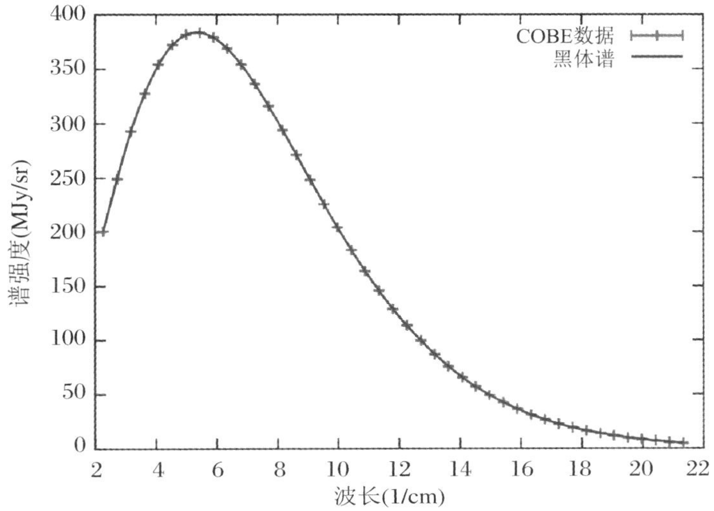

图 7.5　宇宙微波背景辐射黑体谱

注：宇宙微波背景辐射（cosmic microwave background radiation，CMB）的能谱与 Planck 黑体谱的拟合，图片取自维基百科 https://wiki/Cosmic_microwave_background。

（1）一个是星系间的 nG 级磁场的偏转，但对于能量达到甚至超过 10 EeV 的带电粒子，这种偏转可忽略不计，对应的 Larmor 半径 $E/(qBc)$ 高达 1.1～10.8 Mpc（取决于星系间磁场强度 1～10 nG），故而 CR 能谱末端极高能粒子的指向与其天体物理产生源是直接相关的。

（2）由于极高能宇宙线源于河外星系①，必然受到宇宙膨胀的影响，故而其能量如背景光子一样会因红移而减少。

（3）最重要的影响则是与弥漫于宇宙中的背景粒子，如 CMB 光子、星系红外光子、宇宙背景中微子的反应，例如著名的 GZK 效应。

至于 UHECR 的化学组分，人们一般比较倾向于认为大部分 UHECR 粒子为质子（比如 HiRes[145]），当然也有部分重核（如铁核）。不过对于能谱末端的粒子的化学组分，学界至今尚无统一的看法[146-147]。下面我们假定极高能宇宙线粒子为

① 因存在 GZK 压低，UHECR 的传播距离不会超过 100 Mpc，而 100 Mpc 范围内的物质分布显然是非均匀的，然而极高能宇宙线的观测并未给出明显的抵达方向的各向异性，因而可能来源于河外星系。当然，LHAASO 新近的观测结果表明至少甚高能光子极可能就发源于银河系内。

质子(当然,不同的组分假定其结果亦会不同[148])。

无处不在的宇宙微波背景辐射的温度 $T=2.725$ K,对应光子密度为 $415\ /\mathrm{cm}^3$,平均能量为 6.4×10^{-4} eV。极高能质子在传播过程中将与其发生反应而损失能量,主要反应道包括正负电子对和 π 介子的产生,

$$\mathrm{p}+\gamma\rightarrow\mathrm{p}+\mathrm{e}^{+}+\mathrm{e}^{-},\quad \mathrm{p}+\gamma\rightarrow\Delta^{+}\rightarrow\mathrm{p}+\pi^{0}(\mathrm{n}+\pi^{+}) \tag{7.77}$$

先简要分析下 Lorentz 不变情形下的 π 介子和正负电子对的产生过程。在初态质子的静参考系,产生 π 介子的 γ 光子的阈值能量为 145 MeV,其推导如下:要恰好产生 π 介子,则在初态质子静参考系,入射光子会与质子发生对心碰撞(head-on collision),并将全部动能转换为末态质子的动能及 π 介子的静质量。由 4-动量守恒可得

$$p_{\mathrm{i}}^{\mu}+p_{\gamma}^{\mu}\rightarrow p_{\mathrm{f}}^{\mu}+p_{\pi}^{\mu} \tag{7.78}$$

$$m_{\mathrm{p}}+\epsilon=E_{\mathrm{f}}+m_{\pi},\quad \boldsymbol{p}_{\gamma}=\boldsymbol{p}_{\mathrm{f}} \tag{7.79}$$

式中,p_{i}、p_{f} 分别表述质子静系中初、末态质子的 4-动量,而 p_{γ}、p_{π} 则是入射 γ 光子及末态 π 介子的 4-动量。由条件式(7.78)及 Lorentz 不变的质壳条件 $E_a=\sqrt{\boldsymbol{p}_a^2+m_a^2}$($\epsilon=|\boldsymbol{p}_{\gamma}|$,$E_{\mathrm{f}}^2=\boldsymbol{p}_{\mathrm{f}}^2+m_{\mathrm{p}}^2$)可得在初态质子的静参考系中恰好产生 π 介子时对应光子的阈值能量为

$$E_{\gamma}=\frac{(2m_{\mathrm{p}}-m_{\pi})m_{\pi}}{2(m_{\mathrm{p}}-m_{\pi})}=145\ \mathrm{MeV} \tag{7.80}$$

因为实验室参考系中 CMB 光子能量 $E'_{\gamma}=6.4\times10^{-4}$ eV,故由 Lorentz 变换

$$E_{\gamma}=E'_{\gamma}\gamma(1-\beta\cos\theta) \tag{7.81}$$

可得对应变换的 Lorentz 因子为 $\gamma=1+\left(\frac{E_{\gamma}}{E'_{\gamma}}\right)^2/2\ \frac{E_{\gamma}}{E'_{\gamma}}\approx1.133\times10^{11}$,其中 $1/\sqrt{1-\beta^2}$,$\beta=v/c$,初态光子和质子碰撞的夹角 $\theta=\pi$。另外,$\gamma=E'_p/m_p$,由此得到质子反应的阈值能量为 $(E_p)_{\mathrm{th}}=1.0626\times10^{11}$ GeV。事实上,由于微波背景光子遵从 Planck 黑体谱(图 7.5),谱线末端的光子能量会比均值 6.4×10^{-4} eV 高不少,从而实际发生光致 π - 介子生成反应的质子阈值能量大概在10^{10} GeV 附近。至于光致正负电子对的产生过程,只需将式(7.80)中的 π 介子质量 m_{π} 换成电子对的静质量 0.511×2 MeV,由此可得初态质子静系中 CMB 光子的阈值能量为 1 MeV,对应的 Lorentz 因子 $\gamma=7.989\times10^{8}$;变换回实验室系,可得相应质子的阈值能为 7.49×10^{8} GeV,比光致 π 介子生成反应所需的质子阈值能小很多。

进一步来说,考虑 CMB 光子与极高能质子反应的散射截面。对光致介子生成反应的散射截面,无论是加速器实验还是理论计算我们的了解都相当充分:其中贡献最大的当属 Δ 共振态(例如产生 Breit-Wigner 质量为 1 232 MeV 的 Δ^{+} 的

峰值散射截面为500 μb)。由散射截面可进一步得到质子在CMB光子海中的平均自由程 $\lambda_{\text{proton}}=(n\sigma_{p\gamma})^{-1}$,其中 $n=415/\text{cm}^3$ 为背景光子的数密度。例如,单独考虑Δ共振态给出的质子自由程为 4.82×10^{24} cm～1.56 Mpc。而单个光致π介子反应的质子能量损失率大约为 $\xi=\Delta E/E=0.22$[143-144],由此可定义其能量损失长度为 $L_1=\lambda_{\text{proton}}/\xi=13.39$ Mpc。虽然光致电子对产生比光致介子产生的反应截面要高得多,大约为 $\sigma_{p\gamma}=1.8\times10^{-27}(\log x-0.5)\text{cm}^2$[143-144],其中 $x=E_p/(E_p)_{th}$;然而单次光致电子对产生造成的质子的能量损失率 $\xi=\Delta E/E$ 太小,量级在 $m_e/m_p\approx5.4\times10^{-4}$,由此得到质子的光致电子对产生的能量损失长度大约为 $L_2=1\,960$ Mpc(取 $\xi=10^{-3}/x$,对应 $x=4.5$,质子能量为 3.37×10^{18} MeV)。由此可见,粗略分析中可忽略光致电子对的产生对极高能宇宙线(质子)能谱的影响。

当然,高能宇宙线中也存在光子、中微子等其他组分[例如之前提到的光致中性π介子的衰变 $\pi^0\rightarrow2\gamma$,$\pi^0\rightarrow\gamma+e^++e^-$ 产生的极高能光子,以及荷电π介子衰变 $\pi^+\rightarrow l^++\nu_l$,$\pi^-\rightarrow l^-+\bar{\nu}_l$(其中 $l=e,\mu$)产生的极高能中微子],相应的能量损失过程包括正负电子对产生 $\gamma+\gamma(\text{CMB})\rightarrow e^++e^-$ 和Compton效应 $\gamma+e^-\rightarrow\gamma+e^-$,前者对应阈值能量为 4.08×10^{14} eV,故而能量高于100 TeV的极高能光子在UHECR中的份额也必然很低。这也意味着研究极高能宇宙线中TeV光子事例及其占比,对于了解或限制新物理参数十分有助益,例如可对Lorentz破缺的一些现象学模型(space-time foam,D-brane)给出很强的限制[149]。接下来我们分析Lorentz破缺对GZK压低的影响,为简便起见,我们仅考虑光致介子产生过程,当然,更细致的分析需要考虑的不仅是包括各种可能的反应,还要考虑极高能宇宙线原初粒子的化学组分[148]、原初粒子传播的方向、传播深度及能谱的重构①等信息,对更系统分析感兴趣的读者可参看文献[150]、[151]。

注意:即使是仅考虑光致π介子的产生过程,其涉及的反应道也可能不止一个。例如:

$$p+\gamma(\text{CMB})\rightarrow\Delta^+(1232)\rightarrow\begin{cases}p+\pi^0\\ n+\pi^+\end{cases}\tag{7.82}$$

其中,中子可进一步衰变 $n\rightarrow p+e^-+\bar{\nu}_e$。若原初质子能量比阈值能更高,则也可能有更高的质子激发态 $p^*(1440)$,$p^*(1520)$ 或更高的Δ共振态[例如Δ(1 600),Δ(1 620)…]等中间反应道参与进来,这些反应可产生更多的末态π介子[152]。不

① 原初粒子传播速度即原初宇宙线粒子进入大气产生级联簇射的过程中其产生的次级粒子数的峰值深度,即图7.4中的 $X_{\max}$。

过我们仅考虑最简单的反应：Δ^+（1 232）共振态的产生过程 $\mathrm{p}+\gamma(\mathrm{CMB})\to\Delta^+(1\,232)$。

考虑 Lorentz 破缺的费米子的色散关系 $\tilde{g}_{\mu\nu}p^\mu p^\nu=m^2$①，其中 $\tilde{g}_{\mu\nu}\equiv\eta_{\mu\nu}+2c_{(\mu\nu)}+c_\mu{}^\alpha c_{\alpha\nu}\approx\eta_{\mu\nu}+c_{\mu\nu}+c_{\nu\mu}$，上式最后一步是因为 Lorentz 破缺参数 $c_{\mu\nu}\ll1$，可视为微扰。当取领头阶近似并假定特殊参考系下具有转动不变性，即仅有 $c_{00}\neq0$ 时，可得 $p_0^2(1+2c_{00})=m^2+\boldsymbol{p}^2$。仍将其写成形式上的相对论不变式

$$E_a^2=\boldsymbol{p}_a^2c_a^2+m_a^2c_a^2\tag{7.83}$$

式中，下标 a 标记粒子的种类。注意，此时 Lorentz 破缺表现为粒子的极限速度 $c_a\equiv\dfrac{1}{1+c_{00}^a}$ 不再必然是光速，此处我们沿用了 Coleman、Glashow 的记法[84]。若直接计算群速度

$$v_a=\frac{\partial p^0}{\partial|\boldsymbol{p}|}=\frac{|\boldsymbol{p}|}{\sqrt{(\boldsymbol{p}^2+m_a^2)(1+2c_{00}^a)}}\tag{7.84}$$

可得当 $|\boldsymbol{p}|\gg m_a$，$v_a=\dfrac{1}{\sqrt{1+2c_{00}^a}}\approx1-c_{00}^a$。在 Lorentz 破缺参数 c_{00}^a 的领头阶，当 $|\boldsymbol{p}|\gg m_a$ 时粒子的群速度与其极限速度 $c_a=1-c_{00}^a$ 相同。基于 LSV 的色散关系式(7.83)，我们重新考虑和 GZK 压低相关的 Δ^+（1 232）共振态的产生过程。由一般的粒子反应的运动学要求 $E_0\geqslant E_{\min}(\boldsymbol{P}_0)$，其中 E_0 为所有参与反应的初始粒子的总能量，而 $E_{\min}(\boldsymbol{P}_0)$ 为产生所有末态粒子所需的最小能量。假定 4-动量守恒，$\boldsymbol{P}_0$ 表征初始粒子的总动量，故而要产生 Δ^+（1 232）共振态，我们有

$$\omega+E_{\mathrm{p}}\geqslant E_\Delta\tag{7.85}$$

式中，ω 为 CMB 光子的平均能量，而 E_{p}、E_Δ 分别为质子和 Δ^+（1 232）的能量。不等式是为满足粒子反应的运动学要求，从而使 Δ^+（1 232）共振态得以产生，而当初态总能量 $\omega+E_{\mathrm{p}}$ 更高时甚至可使其他可能反应道，例如 Δ^+（1 700）、Δ^+（1 920）等共振态得以发生。

因为考虑的是阈值反应，所以在实验室参考系，初始质子的动量必反平行于 CMB 光子的动量，而平行于中间态 Δ^+（1 232）的动量，故有 $\boldsymbol{P}_\Delta=\boldsymbol{P}_{\mathrm{p}}-\omega$，将其代入式(7.85)可得

$$\omega+E_{\mathrm{p}}\geqslant\sqrt{(|\boldsymbol{P}_{\mathrm{p}}|-\omega)^2c_\Delta^2+m_\Delta^2c_\Delta^4}\tag{7.86}$$

注意：对于极端相对论性质子，$|P_{\mathrm{p}}|\gg m\to E_{\mathrm{p}}\approx|P_{\mathrm{p}}|$；又因为无量纲 LSV 参

---

① 此处为阐述问题简单起见，仅考虑 LSV 算符 $\frac{\mathrm{i}}{2}\bar{\psi}c^{\mu\nu}\gamma_\mu\overleftrightarrow{\partial}_\nu\psi$，更一般的最小 SME 费米子算符的色散关系计算可参见文献[135]。

数 $|c_{00}^{\Delta}|$、$|c_{00}^{\mathrm{p}}|$ 都远远小于 1，故可取近似 $c_{\Delta}\approx 1$、$1+\frac{c_{\Delta}}{c_{\mathrm{p}}}\approx 2$。如此对式(7.86)平方并代入近似，可得一关于初态质子能量 E_{p} 的二阶不等式

$$2E_{\mathrm{p}}^2\left(1-\frac{c_{\Delta}}{c_{\mathrm{p}}}\right)+4\omega E_{\mathrm{p}}+K\geqslant 0 \tag{7.87}$$

其中

$$K\equiv\left(m_{\mathrm{p}}^2-m_{\Delta}^2\frac{c_{\Delta}^2}{c_{\mathrm{p}}^2}\right)c_{\mathrm{p}}^2c_{\Delta}^2\approx(m_{\mathrm{p}}^2-m_{\Delta}^2) \tag{7.88}$$

考察函数 $f(E_{\mathrm{p}})=2E_{\mathrm{p}}^2\left(1-\frac{c_{\Delta}}{c_{\mathrm{p}}}\right)+4\omega E_{\mathrm{p}}+K$，注意到 $f(0)=K<0$ 且 $4\omega>0$。根据二次项的系数 $1-\frac{c_{\Delta}}{c_{\mathrm{p}}}$，有如下两类情形：

(1) $1-\frac{c_{\Delta}}{c_{\mathrm{p}}}>0$，曲线如图 7.6(a)(彩图 7)所示，其中 O 为原点(0,1)。可见方程存在两个根：一正一负，示于图中绿色圆点。而绝对值较小的正根对应于存在 LSV 下的阈值能量，该图右方玫红色区域是光致 $\Delta^+(1\,232)$ 共振态产生运动学允许的能量范围。

(2) $1-\frac{c_{\Delta}}{c_{\mathrm{p}}}<0$，曲线如图 7.6(b)(彩图 7)所示，同样 O 代表原点。方程存在两个正根(图中绿色圆点)，而较小的正根对应于阈值能量，图中横轴上方玫红色区域是共振态产生的允许区域。注意不同于 Lorentz 不变情形，此处运动学允许的区域不再是初态质子的能量高于阈值能量的简单要求，而是存在一个中间能带 $(E_{\mathrm{p}})_{\mathrm{th1}}<E_{\mathrm{p}}<(E_{\mathrm{p}})_{\mathrm{th2}}$，只有质子能量在两个阈值能量 $(E_{\mathrm{p}})_{\mathrm{th1}}$、$(E_{\mathrm{p}})_{\mathrm{th2}}$ 之间，$\Delta^+(1\,232)$ 反应才是运动学上允许的。换言之，能量高于 $(E_{\mathrm{p}})_{\mathrm{th2}}$ 的质子，该反应仍

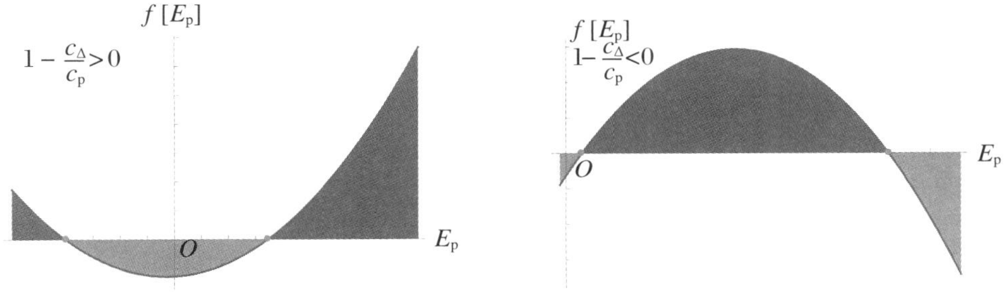

(a) $1-\frac{c_{\Delta}}{c_{\mathrm{p}}}>0$　　(b) $1-\frac{c_{\Delta}}{c_{\mathrm{p}}}<0$

图 7.6　光致 Δ 共振态产生的阈值反应中关于初态质子能量 E_{p} 的二次曲线，其中红色区域是光致 Δ(1232) 共振态产生的允许能量区域

然是运动学上禁戒的。这也是存在 Lorentz 对称性破缺的一个较为典型的特征：即使是极小的对称性破缺也会使得原先某些受到 Lorentz 对称性禁戒的反应在某个能域成为可能，而原先可能的反应或反应阈值被改变，甚至出现原先未被禁戒的能域出现禁戒的现象[153]。

(3) $1-\frac{c_\Delta}{c_p}=0$。此时关于 E_p 的二阶不等式退化为一阶不等式，其解为

$$E_p \geqslant \frac{-K}{4\omega} \tag{7.89}$$

当质子和 Δ^+(1 232)共振态的极限速度 c_p、c_Δ 都趋于光速 $c=1$，相当于 Lorentz 不变情形，式(7.89)取等号时的数值 $(E_p)_{th}\equiv\frac{m_\Delta^2-m_p^2}{4\omega}$ 即为产生 Δ^+(1 232)共振态的阈值能量 2.492×10^{11} GeV(10^{20} eV)。

对应前两类情况，即存在 LSV 时，我们给出较小的阈值能量为

$$E_p = \frac{\omega\sqrt{1-\frac{K}{2\omega^2}\left(1-\frac{c_\Delta}{c_p}\right)}-\omega}{1-\frac{c_\Delta}{c_p}} \approx \frac{K}{4\omega}-\frac{K^2}{32\omega^3}\left(1-\frac{c_\Delta}{c_p}\right)+\cdots \tag{7.90}$$

式中，第二式首项即为通常的阈值能量 $E_{th}\equiv-\frac{K}{4\omega}=(E_p)_{th}$(第二等式严格讲因 $c_p\neq1$，$c_\Delta\neq1$ 仍然存在微小的修正)，该式第二项代表领头阶的 LSV 修正项。假定质子部分存在 Lorentz 破缺 $c_p\neq1$ 但 $c_\Delta=1$，通过与实验比较，可将式(7.90)看作观测到的阈值 E_{ex}，由此可得

$$1-\frac{c_\Delta}{c_p}=-\frac{2\omega(E_{ex}-E_{th})}{E_{th}^2}\Rightarrow c_p=\frac{E_{th}^2}{E_{th}^2+2(E_{ex}-E_{th})\omega} \tag{7.91}$$

若仅考虑 Lorentz 破缺参数的领头阶修正，由此给出的 c_{00} 约束为

$$c_{00}^P \sim 1-c_p=\frac{2(E_{ex}-E_{th})\omega}{E_{th}^2+2(E_{ex}-E_{th})\omega} \tag{7.92}$$

利用 HeRes 发布的数据[154]，$E_{ex}\approx(5.6\pm0.5\pm0.9)\times10^{19}$ eV 和我们计算的 Δ^+ 共振态产生的阈值能量理论值 2.492×10^{20} eV，以及微波背景辐射的平均光子能量 $6.342\,98\times10^{-4}$ eV(对应于 CMB 温度 $T=2.725$ K，相应的光子能量为 $k_B\cdot T=2.348\,2\times10^{-4}$ eV)，可得 $c_{00}^p\geqslant-3.947\times10^{-24}$。实际上，$c_{\mu\nu}$ 的实验限制亦可由来自于天体物理过程中的逆 Compton 散射能谱和同步辐射谱的观测研究[155-156]给出。不过此时给出的是电子的 $c_{\mu\nu}$ 参数，然而由此给出的限制是双向的，下面略述一二。因为 Lorentz 对称性破缺，极端相对论性电子的能量 E 和 γ 因子并没有 LI 的直接对应关系。因为正的 $c_{\mu\nu}$ 必会带来电子极限速度低于光速，故而利用由蟹

状星云、半人马座 A 等天文射电源观测到的能谱经同步辐射过程重构提取的电子的最大 γ_{max} 因子可给出正向约束，而由观测拟合给出的电子的最大能量[①] E_{max} 正好给出一互补的反向约束。类似地，利用极高能宇宙线中质子的 γ 因子及对应能量我们同样可以给出一个双向约束，大概为 $|c^{p}_{\mu\nu}|<10^{-21}$（假定观测到的质子能量可达 $10^{19.5}$ eV，采取比较保守的估计）。

7.4 γ 射线暴 GRB 与 Lorentz 对称性破缺

本小节将简要介绍 γ 射线暴的发现和目前学界对其起源及相关物理性质的认识，然后回顾一下 Fermi GLAST 实验组 2009 年对 GRB090510 的发现，并利用 Lorentz 破缺去解释观测到的高能光子相对于低能光子的时间延迟效应，由此提取出相应的 Lorentz 破缺参数和可能的量子引力能标。

7.4.1 γ 射线暴

γ 射线暴[图 7.7(a)即 GRB170817A 的光变曲线]是除雷达、原子能外由军事需求推动科学发展的又一范例。源于冷战期间窥视苏联核试验的需要，20 世纪 60 年代美国发射了若干 Vela γ 射线探测卫星。1967 年，Vela 3、Vela 4 果然探测到了伽马射线闪（γ flash），然而分析表明，这并非地面核爆的结果。出于军事保密的原因，相关发现直到 1973 年才公布于世。观测到的 GRB 由于能量甚高易被大气吸收，且持续时间非常短，一般在 $10^{-3}\sim10^{3}$ s 范围，发生也相当随机，所以对于 GRB 的定位一直非常差，几十年来人们甚至不清楚 GRB 到底是发生在银河系内还是系外宇宙学尺度上的天文事件。直到 1991 年升空的 Compton Gamma-Ray Observator（GRO）卫星上的探测器 BATSE 发现 γ 暴的空间分布是各向同性的，人们才开始意识到 γ 暴很可能是宇宙学尺度上的天文事件。1997 年，Italian-Dutch 卫星 Bepppo-SAX 升空并成功探测到了伴随 γ 暴的低能 X 射线余辉，随后人们利用地面望远镜发现了其对应的光学余辉（optical afterglow），于是最终由此伴生余辉发现了 γ 暴的寄主星系，进而通过星系谱线红移确证了 γ 暴发生在宇宙学尺度上。已发现的 γ 暴多发生在高红移（红移 $z\gtrsim1$）区域。红移 1 附近对应于

---

① 若没有 LSV 原则上电子自然可以有无限高的能量，而 LSV 亦可给出超光速电子，由因果性条件可以认为加速到超光速的电子必然会发生真空 Cérenkov 辐射等新物理过程。实际上，若电子能量过高，则会因为真空 Cérenkov 辐射迅速损失能量而无法被观测到，因而可知在有效场论成立的范围内亚光速电子存在一个最高能量。

76.3 亿光年，而目前可观测宇宙的大小不过 137 亿光年，所以 γ 暴发生在可观测宇宙的较早期，几乎处于我们可观测宇宙的边缘。另外，γ 暴释放的能量相当高，譬如 GRB971214，如假定其球对称辐射，几十秒内释放的 γ 射线能接近 2×10^{54} ergs，即太阳的静质量 $M_{\odot}c^2$。当然现在我们知道，γ 暴实际上是成束的射流，其能量比 $M_{\odot}c^2$ 小若干个数量级，大约在10^{51} ergs，与 supernova（超新星）爆发释放的总能量量级相当，而喷流束角的范围是 $1^{\circ}<\theta<20^{\circ}$。事实上，$\gamma$ 暴中单光子的能量也很高，一般在 50 keV～500 keV 范围，而高能区则可向上延伸到 GeV 甚至 TeV 量级（0.1～0.2 TeV），例如 GRB970417a[157]，低能区则可下延至 X 射线波段，称为 X 射线闪。所以 γ 暴是线度很小（γ 暴对应体如果线度很大则辐射的能量强度必然会被平均掉而不会表现出明显的强度变化）的发生在宇宙学尺度上十分剧烈（持续时间尺度很短，甚至远小于 supernova 爆发）的天体物理事件，是宇宙中已知的最明亮的电磁辐射过程。

因为 γ 暴发生相当随机且对应的寄主星系通常非常遥远，其对应天体通常极其暗淡，且观测到的光度能谱相当复杂而非黑体谱，所以对于 γ 暴人类的了解仍相当有限。幸而整个可观测宇宙 γ 暴的发生概率并不特别稀少，在轨卫星平均每天可以探测到 1 个事例（当然，因为 γ 暴发生的区域几乎是全部可观测的宇宙，而如此大的区域包含了数以十亿计的星系，平均下来每个银河系大小的星系每百万年才会发生一次 γ 暴事件，并且射束对准地球的又只占很小一部分，所以单个星系中发生该事件的概率确是极其稀少了）。随着 γ 暴事例数及统计的增加，也得益于探测器精度的提升（比如 Swift 和 Fermi 卫星的升空），人们对 γ 暴的形成和产生机制也有了一定的了解。γ 暴存在一特征时间 T_{90}，即在单次 γ 暴中 90%的光子到达探测器的时间。γ 暴按 T_{90} 长短一般分为长暴和短暴，前者占 3/4，$T_{90}>2$ s，其典型峰值出现在 30 s 左右，尾部则可延伸至几百秒；而后者仅占 1/4，$T_{90}<2$ s，其典型时间尺度在 0.2 s 左右。当然，也有人认为存在第三个中间类，$2.5\ \mathrm{s}<T_{90}<7$ s，但是否存在第三类尚不明确。一般认为长暴和短暴的成因不同：对长暴学界的认识比较统一，一般认为是由大质量恒星塌缩造成。一方面，科学家观测发现（尤其是较低红移处 $z<0.3$）γ 暴与 supernova *Ib/c* 成协，特别是 2003 年发现的 GRB030329 与超新星 SN2003db 清晰成协，这是长暴源于大质量恒星塌缩的明显例证。另一方面，通过观测 γ 暴的余辉发现，γ 暴源附近很可能是密度反比于距离平方的星风介质，而星风一般为大质量恒星塌缩后的遗迹，这是长暴源于大质量恒星塌缩的另一例证。对于短暴的成因，目前人们并不十分清楚，很可能是源于一对致密星（中子星或黑洞）的并合，这方面一个较强的证据来源于 GW170817

及其后续电磁对应体 GRB170817A 的观测[图 7.7(a)][158-160]①。

至于 γ 暴的动力学机制，人们研究较清楚的是伴随 γ 暴的余辉，认为这很可能是极端相对论性（Lorentz 因子 $\gamma>100$）壳层与星际介质碰撞，形成激波而产生的（称为火球激波模型）。观测上 γ 暴光子的能量分布不服从 Planck 黑体谱，呈现复杂的多峰分布[图 7.7(b)为 GRB090510 的光变曲线]。而余辉强度随时间按幂率谱衰减，并且不能由单一幂指数拟合。对 GRB 能谱的现象学拟合比较好的是由 Band 等人给出的，

$$N(\nu)=N_0\begin{cases}(h\nu)^{\alpha}\exp\left(-\dfrac{h\nu}{E_0}\right), & h\nu<(\alpha-\beta)E_0\\ ((\alpha-\beta)E_0)^{\alpha-\beta}h\nu^{\beta}\exp(\beta-\alpha) & h\nu>(\alpha-\beta)E_0\end{cases}\tag{7.93}$$

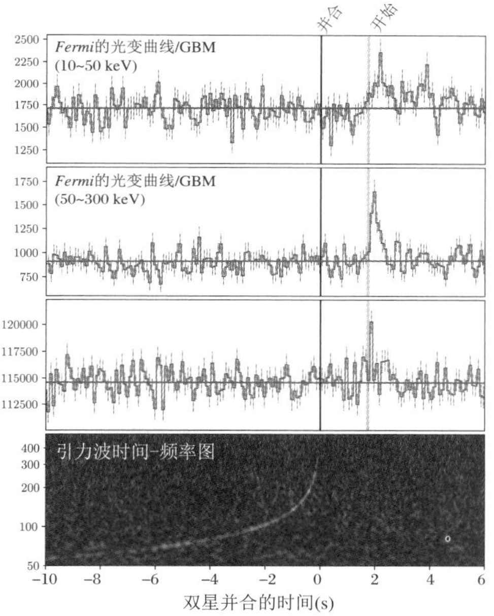

(a) GRB170817A的光变曲线及GW170817的时间-频率曲线[159]

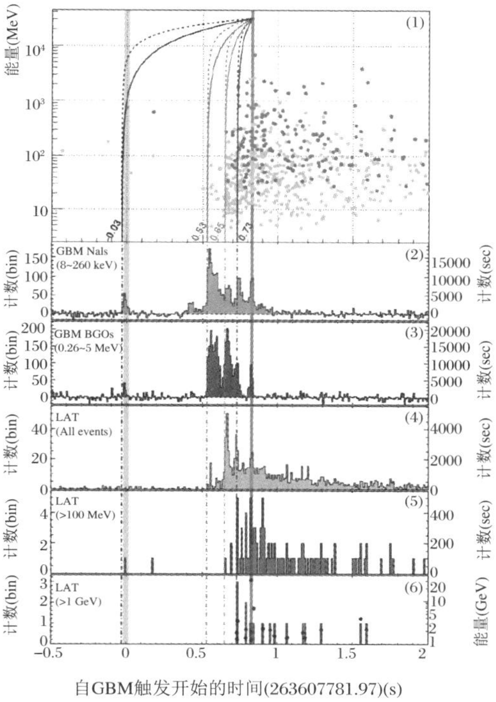

(b) GRB090510的光变曲线[164]

图 7.7 GRB170817A 及 GRB090510 的光变曲线

注：图(a)中前三帧对应于 GRB170817A 中 γ 射线在不同的能域（或频段）的光变曲线，而最后一帧对应于引力波 GW170817 的时间-频率曲线。图(b)是 GRB090510 在不同能量段的光变曲线[164]。

① 当然，对于 GRB170817A 是否是典型的短暴也有不同的意见，参见文献[161]。

详见文献[162]。对于产生 γ 暴最初的物理机制，即中心引擎，人们知之不多。现有很多模型，比如黑洞吸积模型、脉冲星模型（其中心为高速旋转且具有极强磁场的中子星）、超新星模型、旋转的黑洞模型、塌缩星模型等，详见文献[163]。

一方面，γ 暴涉及的能量释放相当剧烈，可以说是仅次于原初大爆炸的能量喷发事件，并且单光子能量相当高，高能尾端可以达到 TeV 量级，对其涉及的极端物理过程我们尚不十分清楚。另一方面，γ 暴通常发生在距离地球十分遥远的宇宙边缘。由于以上原因，γ 射线暴成为人们在粒子天文学（非常的粒子反应和天体物理过程）和宇宙学（宇宙学定标等）中探索可能涉及的新物理的重要研究对象。下面我们将要关注的新物理是 Lorentz 对称性破缺，我们将以此为着力点回顾和分析 GRB090510 的发现，并利用 GRB090510 的数据对 Lorentz 对称性给出强有力的约束。

7.4.2 GRB090510 与 Lorentz 破缺导致的时间延迟

先简述一下 GRB090510。2009 年 5 月 10 日，2008 年 6 月由德尔塔 2 号 7920-H 火箭发射升空的 Fermi γ 暴空间望远镜（GLAST）上的 γ 暴监测器（GBM）及大面积望远镜（LAT）同时被触发，观测到一明亮的短硬 γ 射线暴（脉冲时间很短 $T_{90}=0.3\ \text{s}\pm0.1\ \text{s}$，探测器计数大多数光子能量在 MeV 量级）。该射线暴是首个在激发辐射相明显偏离 Band 拟合函数(7.93)的被 LAT 观测到的短 γ 暴，且单光子能量亦是当时已观测到短暴中最高的，为$30.5^{+5.8}_{-2.6}$ GeV。该暴随后被其他探测器及地面望远镜观测到（如 Swift、AGILE、Suzaku WAM 等）。3.5 天后人们通过其光学对应波段的探测，发现其对应红移为 $z=0.903\pm0.001$，利用标准宇宙学参数$[\Omega_\Lambda,\Omega_M,h]=[0.73,0.27,0.71]$得到的光度距离 $d_{\mathrm{L}}=1.8\times10^{28}$ cm。计算出的明显各向同性能量释放（10 keV～30 GeV）为 $E_{\mathrm{iso}}=(1.08\pm0.06)\times10^{53}$ erg。而对应的宿主星系被认为是晚期的椭圆或早期的螺旋星系[145]。对检验 Lorentz 对称性而言最重要的结果则是观测到能量在 35 MeV～31 GeV 段的光子触发探测器的时间段为 0.5～1.45 s，这得益于 GLAST 探测器极佳的响应时间（26 μs，前任探测器 EGRET 为 100 ms），宽广的视场（2.4 sr），较大的有效面积（在 1 GeV 时为8 000 cm^2）和相对而言大得多的探测能域（20 MeV～300 GeV）。

GRB090510 射线暴中明显观测到高能光子相对于低能光子的时间延迟。一个简单直观的假定是 Lorentz 对称性不再严格成立且源处的非同步效应可忽略（即不同能量的光子近乎同时发射），这意味着不同能量的光子其传播速度亦不同，从而导致其到达探测器的时间也不相同。虽然可以预期不同能量的光子速度相差必然极小，换言之，光子的 Lorentz 对称性破缺极其微弱，但因抵达地球的 γ

暴-光子旅行距离非常遥远，即使极小的速度差在经历了近乎宇宙年龄量级(红移 $z=1$ 相应于可观测宇宙年龄的 56.55%)的积累后其对应的时间差也不再是可忽略的小量，而表现为 GBM 可观测的时间延迟。对量子引力导致不同能量的光子其速度亦不同，可以有一个并不严格但较为直观的图像：按广义相对论方程，不同能量的光子对时空背景的扰动程度亦不同，光子能量越高，对近邻时空的扭曲越厉害，而扭曲的时空反过来又会对物质，即光子反作用，影响光子的运动。这有些像在水面上前进的快艇，速度越快(即能量越高)激起的激波越强，而较强的激波会阻碍快艇的前进。另外，光速是频率与波长的乘积。能量越低的光子对时空的扰动更小，且其波长越长，造成近邻时空的扰动尺度远小于波长，从而其平均效应也更小。因此可认为，高能量光子造成的近邻时空扭曲效应无法被平均掉，其等效的路程反而比低能光子走的多，因而花费的时间也越长(图 7.8)。等效地看相当于高能光子的速度变慢，通过宇宙学尺度的相同距离将会产生可观测的时间延迟效应。

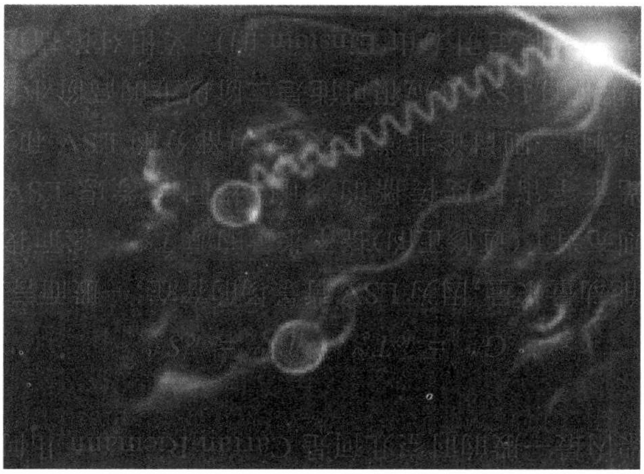

图 7.8　不同能量光子在时空中的扰动与传播

注：图片来源于 https://svs.gsfc.nasa.gov/10489。

下面我们利用 Lorentz 破缺的有效场论给出定量分析。因为 γ 暴涉及宇宙学尺度，我们先简要回顾下标准宇宙学中关于距离(时间)-红移的微分关系。标准宇宙学假定之一即宇宙在大尺度($\gtrsim 200\times 10^6$ 光年)看是均匀各向同性，这个假定得到了诸多证据支持。例如，CMB 谱的不同方向的涨落非常小，$\dfrac{\Delta T}{\bar{T}}<10^{-5}$，其中 $\bar{T}=2.725\ \mathrm{K}$，可见图 7.9。由该假定和 Hubble 发现的宇宙膨胀的事实，即

$$v = H\mathrm{d},\quad H=\frac{\dot{a}}{a} \tag{7.94}$$

可得宇宙学中常用的 Robertson-Walker 度规

$$d\tau^2 \equiv - g_{\mu\nu}(x)dx^\mu dx^\nu = dt^2 - a(t)^2\left[d\boldsymbol{x}^2 + K\frac{(\boldsymbol{x}\cdot d\boldsymbol{x})^2}{1-K\boldsymbol{x}^2}\right] \quad (7.95)$$

式中，K 为曲率常数，即

$$K = \begin{cases} +1 & \text{球面型} \\ -1 & \text{双曲型} \\ 0 & \text{欧氏平面型} \end{cases} \quad (7.96)$$

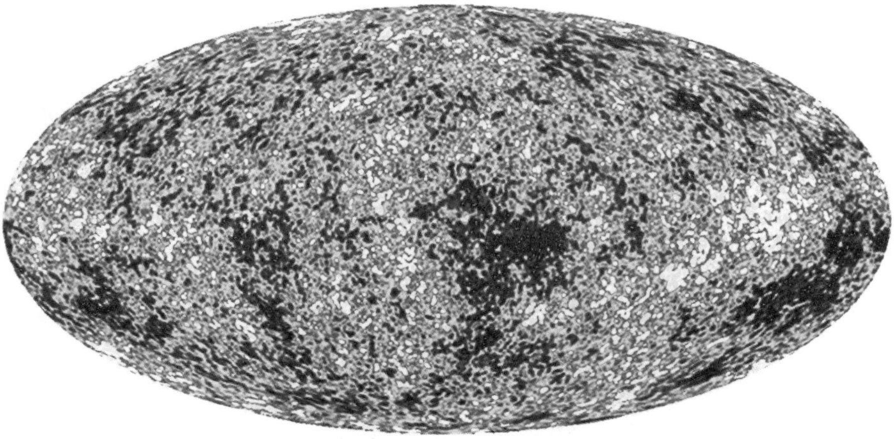

图 7.9　WMAP 9 年数据显示的宇宙微波背景温度涨落谱

注：图中显示的温度为 $-200 \sim 200\ \mu$K。图片来源于 https://map.gsfc.nasa.gov/media/121238/。

将式(7.95)写成球极坐标形式，即

$$d\tau^2 = dt^2 - a(t)^2\left[\frac{dr^2}{1-Kr^2} + r^2 d\Omega\right], \quad d\Omega \equiv d\theta^2 + \sin^2\theta d\phi^2 \quad (7.97)$$

将 Robertson-Walker 度规代入 Einstein 场方程

$$R_{\mu\nu} = -8\pi G_N T_{\mu\nu} - \frac{1}{2}g_{\mu\nu}T^\rho_\rho \quad (7.98)$$

即可得著名的 Friedman 方程

$$-\frac{2K}{a^2} - \frac{2\dot{a}^2}{a^2} - \frac{\ddot{a}}{a} = -4\pi G_N(\rho - P) \quad (7.99)$$

$$\dot{a}^2 + K = \frac{8\pi G_N \rho a^2}{3} \quad (7.100)$$

上式中用到了各向同性和均匀性条件给出的物质的能动量张量 $T_{00} = \rho$，$T_{0i} = 0$，$T_{ij} = a^2 P\tilde{g}_{ij}$，而 $\tilde{g}_{ij} = \delta_{ij} + K\dfrac{x^i x^j}{1-K\boldsymbol{x}^2}$是纯空间度规[165]。注意式(7.98)并未考虑宇宙学常数，换言之，也可认为将宇宙学常数当作了满足 $\rho = -P$ 的物态方程的暗

能量。如果考虑宇宙学常数 Λ，则场方程(7.98)和 Friedman 方程(7.99)、(7.100)变为

$$R_{\mu\nu}-\frac{1}{2}Rg_{\mu\nu}+\Lambda g_{\mu\nu}=8\pi G_N T_{\mu\nu} \tag{7.101}$$

$$2\left(\frac{K}{a^2}+H^2\right)+\frac{\ddot{a}}{a}=4\pi G_N\left(\rho-P+\frac{\Lambda}{4\pi G_N}\right) \tag{7.102}$$

$$H^2+\frac{K}{a^2}=\frac{8\pi G_N}{3}\left(\rho+\frac{\Lambda}{8\pi G_N}\right) \tag{7.103}$$

比较该方程组与之前的 Friedman 方程(7.99)、(7.100)可知，宇宙学常数等价于能动量张量中存在一常数的能量密度项 $\rho_c=\frac{\Lambda}{8\pi G_N}$，且满足负压条件 $\rho_c=-P_c$。由纯空间部分测地线满足的加速度方程[166]①

$$\nabla\cdot \boldsymbol{g}=-4\pi G_N(\rho+3P) \tag{7.104}$$

可见宇宙学常数(有些文献认为是真空能)提供的是反引力(anti-gravity)，会贡献宇宙加速膨胀的趋势。事实上，这一点由减速参数的定义

$$q\equiv\frac{-\ddot{a}}{aH^2}=\frac{\rho+3P}{2\rho-\dfrac{3K}{4\pi G_N}a^2} \tag{7.105}$$

可以更容易看出：如果 $\rho+3P<0$，则减速参数 $q<0$，所以实际上是加速膨胀。这正是观测显示我们当前宇宙所处的状态，即以暗能量(可能是宇宙学常数或真空能，抑或某种奇异的标量场如 quintessence，phantom 等)为主导(占已知能量组分的 72.4%，其中物质组分占 27.6%，而其中普通物质——重子物质 4.6%，暗物质占 23%[167])的加速膨胀状态。

有了 Friedman 方程且知道了宇宙中物质能量的基本组成，则可由式(7.100)或式(7.103)及红移的定义 $z\equiv a(t_0)/a(t)-1$ 进一步得到

$$\mathrm{d}t=\frac{\mathrm{d}z}{H_0(1+z)\sqrt{\Omega_\Lambda+\Omega_K(1+z)^2+\Omega_M(1+z)^3+\Omega_R(1+z)^4}} \tag{7.106}$$

式中，Ω_Λ、Ω_M、Ω_R、Ω_K 分别为真空能、非相对论性物质(如重子物质)、相对论性物质或能量(如辐射)和曲率常量相对于临界能量密度 $\rho_{\mathrm{cri}}\equiv\frac{3H_0^2}{8\pi G_N}$ 的比值。因此

① 即测地偏离方程 $\frac{D^2\xi^\alpha}{\mathrm{d}\tau^2}=-R^\alpha{}_{\beta\gamma\rho}u^\beta u^\rho\xi^\gamma$ 的空间部分，其中 ξ^α 为测地偏离矢量，而 u^μ 为4-速度矢量，在自由下落的局部惯性系中可取 $u^\mu=\delta^\mu_0$，而非零的 Riemann 张量可由 Einstein 场方程及理想流体的能动量张量给出。

能量密度可写成如下形式：

$$\rho = \rho_{\mathrm{cri}}\left[\Omega_\Lambda + \Omega_M\left(\frac{a_0}{a}\right)^3 + \Omega_R\left(\frac{a_0}{a}\right)^4\right],\quad \Omega_K = -\frac{K}{a_0^2 H_0^2} \qquad (7.107)$$

对于当前宇宙，可取哈勃常数 $H_0 \approx 73.24\ \mathrm{km/s/Mpc} \pm 1.74\ \mathrm{km/s/Mpc}$[8]①，因为当前宇宙近似平坦，可取 $\Omega_K=0$。原则上系统地讨论 Lorentz 对称性破缺（LSV）也需考虑定域 Lorentz 对称性破缺对引力的影响，自然相应的引力场方程也会不同。例如，在满足 Bianchi 恒等式的几何相容性条件要求下，Lorentz 对称性是自发破缺的。该框架内最一般的时空几何是 Cartan-Riemann 几何[87]，相应的场方程为

$$G^{\mu\nu} = \kappa T_{\mathrm{e}}^{\mu\nu},\quad \hat{T}^{\alpha\mu\nu} = \kappa S_{\omega}^{\alpha\mu\nu}$$

式中，$T_{\mathrm{e}}^{\mu\nu}$ 为正则能动量张量，因为 LSV 背景场的存在，一般而言 $T_{\mathrm{e}}^{\mu\nu} - T_{\mathrm{e}}^{\nu\mu} \neq 0$；自旋密度张量 $S_{\omega}^{\alpha\mu\nu}$ 则充当了（迹修正的）挠率张量的源 $\hat{T}^{\alpha\mu\nu}$。然而我们关注的是光子部分的 LSV 对光子宇宙尺度传播的影响，若同时考虑 LSV 对背景时空及 Friedman方程的影响，一则讨论非常复杂，引力部分的 LSV 和光子部分的 LSV 纠缠在一起；二则相应的 LSV 效应很可能是二阶以上的高阶小量，在领头阶中可忽略不计。故而我们仍假定引力由 Einstein 的广义相对论描述，只考虑物质部分，即 γ 光子的 LSV 效应。γ 光子色散关系的一般形式可写为

$$E^2 = f(p; M, \{\xi_i\}) \qquad (7.108)$$

式中，$f(p; M, \{\xi_i\})$ 是动量大小 $p(p=|\boldsymbol{p}|)$，Lorentz 对称性破缺的大质量能标 M 及无量纲参数 $\{\xi_i\}$ 的函数。假定对函数 $f(p; M, \{\xi_i\})$ 做 Taylor 展开，且仅保留展开参数 p/M 的线性项和平方项，由此给出的色散关系与本章第二节中由特定模型推导出的色散关系（7.41）及（7.49）的形式相似。故而我们可一般的写出一模型无关的 LSV 光子的色散关系

$$E^2 = p^2\left[1 + \sum_{i=1}^{N} \xi_i\left(\frac{p}{M}\right)^i\right] \qquad (7.109)$$

式中，方括号中首项为 Lorentz 对称部分，表征最主要的贡献在低能下仍然是通常 Lorentz 不变的色散关系 $E^2=p^2$；而第二项——求和项代表紫外物理诱导的 LSV 修正项，N 表征我们所作的 Taylor 展开的精度：比如色散关系（7.41）和（7.49）分别对应于仅有 $\xi_1 \neq 0$ 和 $\xi_2 \neq 0$。之所以采取模型无关的色散关系（7.109），一方面

---

① 不同的观测方法给出的 H_0 不尽相同，特别是正文中基于 Type Ia 超新星以及某些天体距离的几何观测给出的结果与 Planck 卫星基于 CMB 的观测给出的 $H_0 = 66.93\ \mathrm{km/s/Mpc} \pm 0.62\ \mathrm{km/s/Mpc}$，相差了差不多 3.4σ，该问题称之为 H_0-矛盾，这意味着 CMB 观测也许存在某些较大的系统误差，或者是 Λ-CDM 宇宙学模型存在问题，需要修正[8]。

尽可能使得由 GRB 观测给出的实验约束足够一般；另一方面是因为既有的实验和理论分析对某些特定模型中的 LSV 参数的约束已经相当强了，而对特定模型参数的约束并不能一般性的排除其他可能的理论模型。例如，量纲为 5 的不可重整的光子的 Lorentz 破缺算符将导致光子螺旋度(helicity)依赖的色散关系 $\omega^2 = k^2 \pm \xi \dfrac{k^3}{M}$，由此带来相反极化的光子的相速度存在微弱差别，该不同将带来线偏光光子的极化方向的旋转，即所谓频率依赖的真空双折射效应[88,130,168]。该效应将造成某频段光子瞬时极化方向的涨落，从而使探测器探测到的光呈现去偏振现象。因此探测来自 GRB 和 Crab Nebula(蟹状星云)的 γ 光的能谱及线偏度，即可对参数 $\dfrac{\xi}{M}$ 给出十分强的限制。若假定形如式(7.109)的光子的色散关系，并进一步假定 LSV 对电子运动学的修正小于对光子运动学的修正，则利用极高能宇宙线的能谱分析可排除光子 LSV 的线性修正项[169](该假定源于某些所谓泡沫时空结构的 Liouville 临界弦理论中，只有不带荷中性规范玻色子如光子，才会受到量子引力的修正[170])。故而若单纯假定光子的色散关系(7.109)，一方面不依赖于具体模型，没有额外限制条件；另一方面是不依赖于光子的极化取向，从而可规避由天文观测带来的对导致真空双折射效应的光子 LSV 参数的实验约束。

下面暂且撇开式(7.109)，讨论下 GRB090510 的观测对部分 SME 中光子的 LSV 参数组合的约束。此处先讨论下由 Kostelecký、Mewes 给出的时间延迟公式[171]

$$\delta t = \delta\omega^{d-4} \int_0^z \frac{(1+z')^{d-4}}{h(z')} \mathrm{d}z' \sum_{jm} {}_0Y_{jm}(\hat{n}) c_{(I)jm}^{(d)} \tag{7.110}$$

式中，积分分式的分母项为函数

$$h(z) = H_0 \sqrt{\Omega_\Lambda + \Omega_K (1+z)^2 + \Omega_M (1+z)^3 + \Omega_R (1+z)^4} \tag{7.111}$$

注意：该公式仅考虑了四类光子 LSV 参数中 CPT-even 且不存在真空双折射效应(vacuum birefringence)中的一类 $c_{(I)jm}^{(d)}$，剩下三类对应于决定光子极化的本征模式的 LSV 参数 $k_{(E)jm}^{(d)}$、$k_{(B)jm}^{(d)}$、$k_{(V)jm}^{(d)}$ 均会导致光子在真空中传播速度依赖于极化取向的真空双折射现象，另外当 $d \geqslant 5$ 时还会出现光速依赖于波长的色散现象。然而发生在天文学距离上的电磁事件的极化(偏振)观测对于真空双折射现象的约束非常强[126]，比利用(LSV 导致的)真空色散效应对天文尺度上发生的电磁事件的(不同频段的)光的计时测量对 LSV 参数的限制要高至少 10 多个数量级[172]，故在光的色散计时探测中可基本忽略此类 LSV 参数的影响。这也使得该公式十分适用于利用天文电磁事件观测的色散计时对 γ 光子的 LSV 参数作出约束。此外，注意式(7.110)中 ${}_0Y_{jm}(\hat{n})$ 是以自旋为权重的球谐函数，$\hat{n}=-\hat{p}$ 是指向目标天体如 GRB、AGN 的单位矢量。因为与 $c^{(d)}_{(I)jm}$ 相关的 Stokes 参数 $\varsigma^0 \equiv \frac{1}{2}(\hat{c}_F)_{\mu\nu}\frac{p_\mu p_\nu}{\omega^2}=\sum_{djm}\omega^{d-4}(-1)^j\,{}_0Y_{jm}(\hat{p})c^{(d)}_{(I)jm}$ 是绕 $\hat{p}$ 旋转的标量，故其自旋权重为零，表现为 $Y_{jm}(\hat{n})$ 的左下标为 0；而 d 表征对应 LSV 参数的量纲，$j\leqslant d-2$，m 则对应于 ς^0 球谐分解的角动量量子数。

虽然式(7.110)针对的是 $d\geqslant 3$ 的项，我们姑且认为其可应用于 $d=2$ 的情形。众所周知，矢量场的质量算符是量纲为 2 的项。虽然光子场的质量项并不必然破坏 Lorentz 对称性，但其存在一般而言会破坏规范对称性（一个例外是时空 2+1 维的 Chern-Simons 理论，其中光子质量项的来源是 2+1 维时空独特的拓扑性质[120]）。一个好的量子理论当然至多允许规范对称性自发破缺，否则会带来诸如可重整性在内的一系列问题。虽然在有效理论框架内不要求可重整性，但我们并不希望破缺 $U(1)_e$ 的规范对称性，何况实验中也并未发现电磁规范对称性破缺的迹象，超导的电磁对称群破缺其基态并非真空，因而并非此处所关心的对称性破缺。当然，这并不妨碍富有怀疑与实证精神的物理学家探讨光子质量项[173]。在 Lorentz 不变的理论(Proca's theory)中，光子质量项的存在意味着能量越高光子速度越快，此时光子和其他有质量粒子类似，光速不过是粒子的极限速度。有意思的是，简单量子引力的图景预期能量越高的光子其速度越慢。故若存在光子质量项，其很可能和量子引力导致的 LSV 项[比如式(7.109)中 $\xi_i<0$]相互抵消，掩盖我们可能观测到的信号[174-175]①。幸而自然并不邪恶，在 γ 暴分析中，实际上我们完全可以忽略光子质量项。

GRB090510 事件发现大多数能量高于 30 MeV 的光子到达探测器的时间要比能量低于 1 MeV 的光子滞后 258 ms ± 34 ms[164][参见图 7.7(b)]，从中我们可以得到

$$k^{(2)}_{(I)00}\leqslant 1.4801\times 10^{-24}\ \text{GeV}\Rightarrow \tilde{m}_\gamma \leqslant 1.217\times 10^{-3}\ \text{eV} \tag{7.112}$$

注意到这个约束不是双向的，所以最多可看作质量量纲为 2 的 LSV 参数的约束。实际上，即使当作光子的质量约束，也远弱于通过考虑有质量电磁场的磁流体方程分析冥王星处太阳风给出的光子质量上限的限制[176]，$m_\gamma\leqslant 1\times 10^{-18}$ eV。正如 Goldhaber、Nieto 评论的："通过观测静电与静磁场对规范对称性的偏离的实验效应比探测光速的色散效应来检测光子质量要灵敏得多"[173]。而既有实验给出的光子质量上限反过来排除了之前我们提到的与 LSV 效应相抵消的微妙可能性。

① 当然如果 $\xi_i>0$，观测到的低能光子的滞后就是 Lorentz 破缺和光子质量项的叠加效应。

故而对光子质量的更为严格而令人信服的质量上限 6.73×10^{-19} eV[177-178] 告诉我们，分析 γ 暴中由于 LSV 带来的光子的时延效应时，可完全忽略光子可能的质量效应。

接下来考虑量纲为 3 的 LSV 项，如 $(k_{AF})_\kappa A_\lambda \widetilde{F}^{\kappa\lambda}$。同样由 GRB090510 的上述观测数据和公式(7.110)，我们可得

$$\sum_{jm}^{j=1} {}_0Y_{jm}(117^\circ,333^\circ)k_{(I)jm}^{(3)} \leqslant 1.1558\times10^{-21}\ \text{GeV} \tag{7.113}$$

显然，由真空色散给出的该约束要远小于利用真空双折射效应给出的约束，如由 CMB 得到的约束上限小于10^{-43} GeV[127-128,179]。

更一般地，考虑色散关系(7.109)中领头阶为 n 的 LSV 修正项($i\neq n$ 的其他 LSV 项假定为零)，文献[180]给出了一个色散时延公式

$$\delta t = \frac{1+n}{2}\xi_n\frac{\delta E_0^n}{\delta M^n}\int_0^z\frac{(1+z')^n}{h(z')}\mathrm{d}z' \tag{7.114}$$

式中，E_0 是探测器观测到的光子能量(而非发生红移前源处的光子能量)；$\delta E_0^n = E_\text{l}^n - E_\text{h}^n$，其中 E_l^n 和 E_h^n 分别对应于观测到时间延迟的低能光子和高能光子的能量。注意上式计及了宇宙膨胀的影响[宇宙学尺度上的源与探测器间的固有距离不是不变的，而是随宇宙膨胀变化的，仅仅是共动距离(comoving distance)不变]，否则式(7.114)积分分式中的分母项将为$(1+z')^{n-1}$，少一个 $1+z$ 红移因子[180]。

我们重新回顾一下公式(7.114)。由式(7.109)获得光子的群速度

$$v_g \equiv \frac{\partial E}{\partial p} \approx 1 + \frac{1}{2}(i+1)\xi_i\left(\frac{p}{M}\right)^i \tag{7.115}$$

其中上下重复的 Latin 指标 i 遵循 Einstein 求和约定。回到式(7.109)可知群速度对真空光速修正的领头阶 $i=1$ 来自于量纲为 5 的不可重整项，故而式(7.109)适宜于处理不可重整的 LSV 项对 LI 的光子色散关系 $\omega=k$ 带来的修正而不适用于那些量纲计数可重整或超可重整的 LSV 项，这也是为何我们一开始用式(7.110)分析 $d<4$ 的 LSV 项的原因。类似于文献[180]中的步骤，我们可得一精确到 $\dfrac{E}{M}$ 的二阶项和红移微分 $\mathrm{d}z$ 一阶项的时延公式

$$\delta t = \xi_1\frac{E_\text{l}-E_\text{h}}{M}\int_0^z\frac{(1+z')}{h(z')}\mathrm{d}z' + \frac{3}{8}(4\xi_2-\xi_1^2)\frac{E_\text{l}^2-E_\text{h}^2}{M^2}\int_0^z\frac{(1+z')^2}{h(z')}\mathrm{d}z' \tag{7.116}$$

事实上，式(7.116)与式(7.114)是等价的，这可以由 $\xi_2=0$ 得到，只是计及了 ξ_1 的平方修正；而若 $\xi_1=0$，得到的则是与式(7.114)完全相同的平方展开项 $\mathcal{O}\left(\dfrac{\delta E_0^2}{M^2}\right)$。

Fermi 实验组利用 GRB090510 观测数据得到的对线性和平方修正的量子引力能标 $M_{QG,1}$，$M_{QG,2}$，见表 7.1。

表 7.1 Fermi 实验组利用 GRB090510 观测数据得到的对线性和平方修正的量子引力能标 $M_{QG,1}$，$M_{QG,2}$[181]

对 Δt 的限制 (ms)	31 GV 的关联低能辐射事例	对 $M_{QG,1}$ 的限制 (M_{Planck})	对 $M_{QG,2}$ 的限制 (10^{10} GeV/c^2)
<859	any<MeV emission	>1.19	>2.99
<299	main<MeV emission	>3.42	>5.06
<199	main>100 MeV emission	>5.12	>6.20
<99	main>1 GeV emission	>10.0	>8.79
DisCan：$\|\Delta t/\Delta E\|$<30 ms/GeV		>1.22	-

GRB090510 的光变曲线[图 7.7(b)]表明：大多数能量高于 30 MeV 的光子到达探测器的时间要比能量低于 1 MeV 的光子滞后 258 ms ± 34 ms，以此作为输入且仅考虑式(7.116)的线性修正，可得到对量子引力参数的一个保守估计 $M/\xi_1 \sim -5.02689\times10^{16}$ GeV。若考虑自然性要求，即假定 $\mathcal{O}(|\xi_1|)\sim1$，则得到的 LSV 能标将比 Planck 能标 $M_{Planck}=1.22\times10^{19}$ GeV 低 3 个数量级。当然，也可取 GRB090510 光变曲线[图 7.7(b)]中观测到的极端事例——探测到最高能量为 31 GeV的单光子事例比 LAT(大面积空间望远镜)观测到的能量高于 100 MeV 的光子事例的触发时间晚 0.179 s 作为输入，由此可得一大得多的且可与 Planck 能标相比拟的 LSV 参数

$$\frac{M}{\xi_1}\sim-7.72017\times10^{19}\ \text{GeV} \tag{7.117}$$

式中，负号意指 $\xi_1<0$，表明高能光子比低能光子跑得慢，这在讨论类光子质量项时已提到了。注意到即使考虑 ξ_1 的平方修正并假定 $\xi_2=0$，得到一关于 M/ξ_1 的二次方程，通过计算发现其结果变化并不明显。故而在计算对光子群速度的线性修正项(仅 $\xi_1\neq0$)时，我们无需考虑 M/ξ_1 的平方阶修正。当然，我们的结果式(7.117)[121]和文献[164]的结果类似：如要求 $\mathcal{O}(|\xi_1|)\sim1$，则 Lorentz 对称性破缺的能标甚至高于 Planck 能标，达到 $6.32M_{Pl}$。实际上，不考虑源效应的前提下若取文献[164]中的表 2 中的其他数据，我们甚至可以得到 LSV 能标可达 $102M_{Pl}$。总之，利用 Fermi 卫星对 GRB090510 探测所得的数据及线性 LSV 修正的时延公式给出的量子引力能标均要明显高于 Planck 能标。

然而我们并不认同可由短暴 090510 的观测数据给出如文献[164]一样强的结

论。实际上，如若预期量子引力能标即 Planck 能标 M_{Pl}，反过来可得线性或平方项的理论参数的约束：线性约束 $|\xi_1| \in (10^{-2} \sim 10^{-1})$。这比由活动星系核（AGN）的观测分析给出的约束[182-183]至少强两个数量级，后两者得到的约束分别为 $|\xi_1| < 17$ 和 $|\xi_1| < 58$。当然，正如之前提到的，色散计时给出的约束远不及通过考察 GRB 的光子极化（例如对 GRB930131 和 GRB960924 的光子极化度的测量）[88,172]，以及分析极高能宇宙线中光子份额对 UHECR 能谱的影响[169]得到的约束强。当然，需要注意的是这些几乎可以排除线性 LSV 修正且比我们给出限制强得多的约束（如 $\xi_1 \leqslant 10^{-14}$[169-170]）或者是依赖于某些特别的假定，或者是基于色散关系螺旋度依赖的特定模型。换言之，其更可能排除的是真空双折射的 LSV 模型，而色散关系（7.109）是非常一般化且无真空双折射效应的模型无关假设。如若未来的实验观测可进一步将式（7.109）中参数 ξ_1 的约束压低 10 个数量级，则可以比较确信的认为量纲为 5 的不可重整的领头阶 LSV 算符被实验排除了。当然，从文献[184]中图 7.10（彩图 8）给出的对 γ 光子的 LSV 能标的总结分析看，这类线性修正被排除的可能性确实非常大。

果真如此，则或者 Einstein 猜对了——Lorentz 对称性是时空的严格对称性，然而这意味着那些明显给出 Lorentz 对称性破缺的紫外理论或暗示了 LSV 可能性的量子引力图景均应被舍弃。如此则现阶段探索量子引力的低能可观测信号的希望将变得非常渺茫[125]，我们或许将不得不转向诸如中微子、轴子等更明确存在新物理迹象的领域。当然，或许存在如超对称或 CPT 对称性[185-186]在内的其他对称性保护我们的低能有效理论免受 CPT 破缺项的困扰；抑或如 Lifshitz-Horava（或带权重的量纲计数场论）理论[124,136]所预示的：Lorentz 对称性是低能衍生的红外对称性，在 $z=2$ 时自然要求领头阶的 LSV 项来自于量纲为 6 的贡献，见式（7.49）的讨论。

进一步考虑领头阶为 $d=6$ 的 LSV 算符，由公式（7.116）基于类似的计算，并利用文献[182-183,187]中的数据，我们将对 LSV 能标的相关约束总结在表 7.2[121]中。由该表可知虽然量纲为 5 的算符所允许的参数空间已经非常小了，但对量纲为 6 的算符的约束还远未达到可将其排除的程度。特别是考虑到如 Horava 等理论[124,136,185-186,188-189]自然要求对 LSV 的领头阶来自于量纲为 6 的算符贡献，故而只要对平方修正对应的 LSV 能标的约束离 Planck 能标距离尚远（见图 7.10，至少差 7 个数量级），则尚不能认为实验完全排除了 Lorentz 对称性破缺的可能性。实际上，正如下章将提到的，即使仅考虑 $d=5,6$ 的贡献，LSV 的参数空间仍然十分巨大，换言之光子部分的 LSV 研究也依然是一个较为活跃的领域。

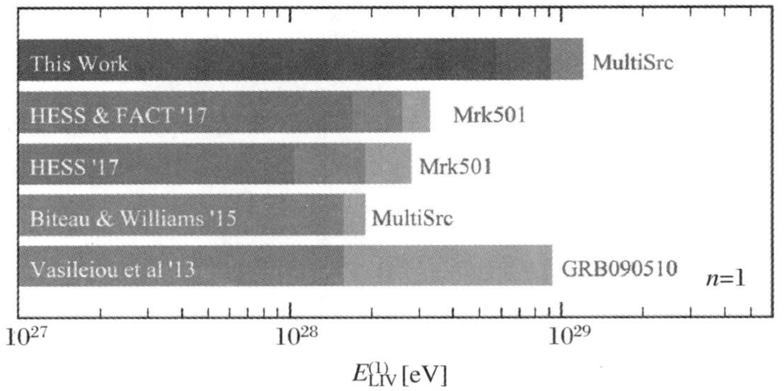

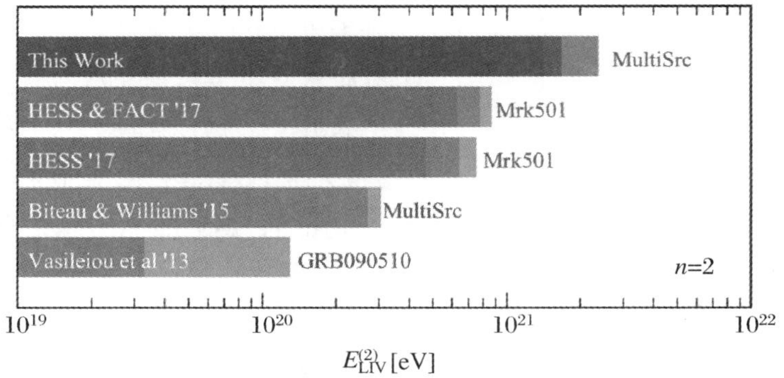

图 7.10 对线性和平方修正的 LSV 能标的各类最佳约束的比较

注:图中绿色、蓝色的深色调阴影分别对应于 $2\sigma,3\sigma,5\sigma$ 的置信度[184],其中 MultiSrc 代表基于多 γ-射线源的分析。图中 GRB090510 是基于文献[150]。

表 7.2 利用 γ 暴与 AGN 中高能光子时延的观测给出的领头阶分别为线性或平方修正的 LSV 能标

源	GRB090510	GRB080916C	Mkn501	PKS 2155-304
红移	0.900	4.35	0.034	0.116
δt(s)	0.179	16.54	240	27
$E_h—E_l$(GeV)	31—0.1	13.22—10^{-3}	10^4—250	600—210
M_l(GeV)	7.72×10^{19}	1.55×10^{18}	6.06×10^{17}	7.51×10^{17}
M_s(GeV)	7.26×10^{10}	9.66×10^{9}	9.74×10^{10}	3.11×10^{10}
$\dfrac{t_{total}}{\delta t}$	1.29×10^{18}	2.34×10^{16}	6.01×10^{13}	1.72×10^{15}

注:其中前三行分别是来自[164]、[182]、[183]、[187]的观测数据,后两行分别对应线性和平方修正的 LSV 能标[121],最后一行为光子自可能的源到达探测器所需的平均时间与观测到的时间差的比值。

第 8 章 多多益善——Lorentz 对称性检验简介

本章我们简略介绍下 Lorentz 对称性破缺(LSV)除了在前述 UHECR、GRB 外,在诸如电弱、引力领域的部分有趣效应,并以笔者自身的体验对该方向的进展作一简单的总结展望。

8.1 多多益善——More is different

我们变用一下 P. W. Anderson 在那篇为凝聚态物理辩护,并驳斥还原论及万有理论的著名"战斗檄文"的标题含义:对于基础物理原理——Lorentz 对称性的检验同样是多多益善,且多亦不同。正如 20 世纪 50 年代以前宇称守恒在物理学家的观念中有如圣杯一般[①],Lorentz 对称性或许也可能经历类似的跌宕起伏。目前仅在弱作用中发现上帝是习惯用左手的——宇称不守恒,同理,也许 Lorentz 对称性即使存在破缺,也仅在极少数粒子作用中有微弱的体现。因而寻找 LSV 有如大海捞针,绝非易事。反过来即使时间果真在 Einstein 那边,也会通过反复的验证 Lorentz 对称性让我们对时空本性产生更为深刻的认知,进而意识到为何所谓的量子引力理论的 LSV 图景是错误的。

另外,半个多世纪以来探寻量子引力的理论努力一直未获成功,这也许是我们需要返归物理学的本源——通过实验及理论分析来寻找可能的量子引力信号

① 一个著名的例证就是当时负有"物理学家良心"美誉的 Pauli 对李、杨的发现一开始完全不屑一顾,他评论道"我不相信上帝是个左撇子"。同时期的 Landau 一样评论道"宇称不守恒毫无意义"(parity nonconservation was an absolute nonsense),甚至因此毙掉了 I. S. Shapiro 的一篇宇称不守恒的诺奖级论文。

的契机。秉承这些想法，我们自然希望对 Lorentz 对称性的检验越广越深越好——或许多亦不同呢！

8.1.1 中微子振荡

正如第 6 章最小 SME 中轻子部分的 LSV 算符式(6.14)、式(6.15)所显示的，轻子的规范耦合中的 LSV 耦合常数 $(c_L)_{\mu\nu}$，$(c_R)_{\mu\nu}$ 和 $(a_L)_\mu$，$(a_R)_\mu$ 可能是味道依赖的。这意味着当电弱破缺使得电子等费米子获得质量时，即使满足 $SU(2)_{\mathrm{L}}\times U(1)_{\mathrm{Y}}$ 规范对称性的最小结构，即中微子无质量，但中微子仍然存在味混合。味混合意味着中微子弱作用的本征态和能量本征态并不一致。换言之，LSV 诱导的中微子色散关系使得即使是无质量的中微子也存在中微子振荡[94-96]。然而不同于 Lorentz 不变理论中由于质量项诱导的中微子振荡，LSV 诱导的中微子振荡将使中微子振荡概率随中微子的能量和飞行距离的依赖不同于有质量中微子情形，自然也提供了区分两者的可能性。首先我们写下中微子的相关 Lagrangian：

$$\mathcal{L}_{\text{neutrino}} = \frac{1}{2}\mathrm{i}[\eta_{\mu\nu}\delta_{ab} + (c_L)_{\mu\nu ab}]\bar{L}_a\Gamma^\mu \overleftrightarrow{\partial}^\nu L_b - (a_L)_{\mu ab}\bar{L}_a\gamma^\mu L_b \tag{8.1}$$

利用该 Lagrangian 经计算①可得相应于动量空间中的有效 Hamiltonian 为

$$\hat{H}_{ab}^{\text{neutrino}} = p\delta_{ab} + \frac{1}{p}[(a_L)_\mu p^\mu - (c_L)_{\mu\nu}p^\mu p^\nu]_{ab} \tag{8.2}$$

式中，$p=|\boldsymbol{p}|$，$p^\mu=(p,\boldsymbol{p})$。注意有效 Hamiltonian 的形式也可由以下 LSV 参数的简单推导证实。假定第 7.1 节式(7.13)中 $\Gamma^\mu=\gamma^\mu$，$M=m+b^\mu\gamma_5\gamma^\mu$，即仅存在 $b^\mu\neq 0$，那么由 $\det[p^\mu\Gamma^\mu - M]=0$[135] 可得 p^0 的本征值及中微子的有效 Hamiltonian

$$(h_{\text{eff}})_{ab} = |\boldsymbol{p}|\delta_{ab} - \frac{1}{|\boldsymbol{p}|^2}\boldsymbol{p}\cdot\boldsymbol{b}_{ab} \pm (b_0)_{ab} \tag{8.3}$$

同样上式我们只保留到 $\mathcal{O}(b_\mu)$。对应 Schrödinger 方程为

$$\mathrm{i}\hbar\frac{\partial}{\partial t}|\nu\rangle_A = \hat{h}_{\text{eff}}|\nu\rangle_A, \quad |\nu\rangle_A \equiv \begin{pmatrix}|\nu_e\rangle\\ |\nu_\mu\rangle\\ |\nu_\tau\rangle\end{pmatrix} \tag{8.4}$$

式中，下标 A 表示味道空间的矢量。为求解方程(8.4)，需要在味空间对角化矩阵(8.3)，假定存在幺正矩阵 U 满足

$$\Lambda \equiv \mathrm{diag}(\lambda_1,\lambda_2,\lambda_3) = U\hat{h}_{\text{eff}}U^\dagger \tag{8.5}$$

① 需要注意到时间微商项处理略微棘手，不过可参考文献[190]中的做法，另外注意到无量纲化后的 LSV 项非常小，故而在计算中一般仅仅保留 LSV 的线性项。

下面我们规定 $i(j)=1,2,3$ 标记能量本征态空间，而 $a(b)=e,\mu,\tau$ 标记味道空间。那么能量本征态矢量的时间演化遵从

$$|\nu(t)\rangle_M = e^{-\frac{i\Lambda t}{\hbar}}|\nu(0)\rangle_M, \quad |\nu_i(t)\rangle = e^{-\frac{i\lambda_i t}{\hbar}}|\nu_i(0)\rangle \tag{8.6}$$

式中，下标 M 表示能量空间的本征矢量，而式(8.6)中第二式是第一式的分量形式。能量本征态与味道本征态间满足的变换关系如下：

$$|\nu\rangle_A = U^\dagger|\nu\rangle_M, \quad |\nu_i\rangle = U_{ia}|\nu_a\rangle \tag{8.7}$$

同样，式(8.7)中的第二式为分量形式，由此知味道空间中中微子的时间演化为

$$|\nu(t)\rangle_A = U^\dagger|\nu(t)\rangle_M = U^\dagger\exp\left(-\frac{i\Lambda t}{\hbar}\right)U|\nu(0)\rangle_A \tag{8.8}$$

所以初始时刻制备产生的味道本征态 $|\nu_a(0)\rangle$ 在飞行时间 t 后被探测到处在味道本征态 $|\nu_b(0)\rangle$ 的概率为

$$\mathrm{Prob}(\nu_a\rightarrow\nu_b) = |\langle\nu_b|\nu_a(t)\rangle|^2 = \left|\left(U^\dagger\exp\left(-\frac{i\Lambda t}{\hbar}\right)U\right)_{ab}\right|^2 \tag{8.9}$$

可将 LSV 引起的中微子味改变概率(8.9)和由于非简并质量项引起的中微子振荡概率[98]

$$\begin{aligned} P_{\alpha\rightarrow\beta} &= |\langle\nu_\beta|\nu(t)_\alpha\rangle|^2 = \left|\sum_i^3 U_{\alpha i}^* U_{\beta i} e^{-im_i^2 L/E}\right| \\ &= \delta_{\alpha\beta} - 4\sum_{i>j}\mathrm{Re}(U_{\alpha i}^* U_{\beta i} U_{\alpha j} U_{\beta j}^*)\sin^2\left(\frac{\Delta m_{ij}^2 L}{4E}\right) \\ &\quad + 2\sum_{i>j}\mathrm{Im}(U_{\alpha i}^* U_{\beta i} U_{\alpha j} U_{\beta j}^*)\sin^2\left(\frac{\Delta m_{ij}^2 L}{2E}\right) \end{aligned} \tag{8.10}$$

做比较：表面上看，似乎引入味空间非对角的 LSV 参数同样带来了类似引入非简并质量矩阵引起的中微子振荡效应；但两者振荡起源不同，其对中微子能量及飞行距离的依赖也不同。

首先，引入中微子质量矩阵仅仅是超出标准模型[特别地，若中微子是 Majorana费米子，很可能都不满足 $SU(2)_L\times U(1)_Y$ 的电弱对称性]，但 Lorentz 对称和 CPT 对称性是严格保证的。换言之，中微子质量矩阵很可能至多源于三种规范作用大统一能标处的物理，而 LSV 显然是破坏了更加基本的对称性，因而一般认为其来源于量子引力。其次，从量纲分析上看，质量混合引起的味振荡概率仅依赖于 L/E，然而 LSV 导致的振荡概率依赖于 LSV 耦合常数本身的量纲，如 b_μ、$H_{\mu\nu}$，对长度 L 而言是线性依赖，但不依赖于能量(即 $P_{\alpha\rightarrow\beta}$ 中三角函数的变量形式为 bL、HL，若换作参数 $c_{\mu\nu}$、$d_{\mu\nu}$，则形如 cEL、dEL)。再次，这些 LSV 耦合常数的分量的选取依赖于特定参考系，故而由于地球自转及绕日公转使得地面加速

器或反应堆实验中的中微子束流相对于太阳中心系①存在随恒星日的周期变化，因而使得振荡概率存在一个角频率为 $\Omega_S=2\pi/(23h56m)$ 的调制；之于太阳中微子实验，则表现为以年为周期的调制现象来。这些是典型的 LSV 效应，是标准中微子振荡模式无法解释的。换言之，若观测到这种以恒星日或恒星年的调制现象，则几乎肯定存在着优越参考系或 LSV。当然，由于中微子振荡本质上是干涉效应，而中微子通常是相对论性的，飞行距离远；天体(如 UHECR，超新星爆发等)产生的中微子能量很可能还非常高，所以利用中微子振荡数据可对 LSV 参数给出很强的限制[191]。例如，对于中微子的 $c^{\mu\nu}$ 参数，因为太阳中微子的 $LE\approx10^{25}$，故由粗糙的量纲分析可知对 $c_{\mu\nu}$ 的约束可达 10^{-25}[97]。

8.1.2 电弱破缺的 W、Z 玻色子

讨论电弱而非强相互作用领域的 LSV，主要原因在于强作用的测量相比电弱而言精度要差得多，故而直接利用强相互作用实验，比如质子-质子对撞等约束涉及胶子、夸克的 LSV 参数比较困难，或者说精度不够高。而电弱测量相对而言则精确得多。电弱方面的 LSV 参数主要包括 W 及 Z 玻色子、中微子、μ、τ 轻子的相关参数。文献中对这些粒子的 LSV 参数均有涉及(详见文献[192])，本文限于篇幅，仅略微提一下 W、Z 玻色子的部分 LSV 约束。

(1) Z 玻色子和光子的混合意味着精确测量的电子-电子散射对 Z 玻色子的 LSV 参数可以给出较强的约束。从第 6 章规范场 LSV 的 Lagrangian[式(6.21)、式(6.22)]以及 Higgs 规范耦合项(6.20)可知，若不考虑电子、光子的 LSV 效应，即认为外腿电子即通常 Lorentz Invariant (LI)的 QED 所描述的，那么 $e^-+e^-\to e^-+e^-$ 过程的光子传播子不变，但 Z 玻色子的传播子除了 LI 部分外，还有 LSV 的贡献 $-2i[1-\tan^2\theta_W](k_W)_{\kappa\lambda\mu\nu}p^\kappa p^\mu+im_Z^2\mathrm{Re}[(k_{\phi\phi})_{\lambda\nu}]$，以及 Z 玻色子和 γ-光子因电弱对称性导致的且是 LSV 的混合内线的贡献 $-2i[1-\tan^2\theta_W](k_W)_{\kappa\lambda\mu\nu}p^\kappa p^\mu$，其中 $\theta_W\equiv\tan^{-1}\left[\dfrac{g'}{g}\right]$是 Weinberg 角(又称为弱混合角，$g'$、$g$ 分别是弱超荷和弱同位旋耦合常数)，而 m_Z 为 Z 玻色子质量。在计算入射电子为左手及入射电子为右手对应的散射截面给出的不对称度 $A\equiv\dfrac{d\sigma_R-d\sigma_L}{d\sigma_R+d\sigma_L}$后，可以由 SLAC 的 E158 极化电子实验的测量结果给出对 k_W 参数达到10^{-7}的限制[193]。未来 JLAB 的 MOLLER 实验也许会给出更强的约束。

---

① SME 中常选择该参考系作为报道 LSV 参数的实验约束的标准参考系，其定义可见文献[172]。

（2）W 玻色子的 Cérenkov 辐射。对应 W 玻色子 LSV 的 Lagrangian 是

$$\mathcal{L}_{W^{\pm}}^{\text{CPT-odd}} = \frac{1}{2}(k_2)_{\kappa}\epsilon^{\kappa\lambda\mu\nu}W_{\lambda}^{+}W_{\mu\nu}^{-} + \text{h.c.}$$

此时有两个 LSV 的横向极化模式和一个 LI 的纵向极化模式。当然仅有一个横向极化模式满足费米子衰变辐射 W 玻色子和子代费米子的运动学，$4(p\cdot k_2)^2 > [m_W^2-(m_1-m_2)^2]^2+4k_2^2(m_1-m_2)^2$[194]，其中 m_1、m_2 分别是亲代、子代费米子质量，m_W 是 W 玻色子质量。如果费米子动量大于阈值 $\frac{m_W(m_W+2m_2)}{2|\kappa|}$（粗略的可将 $|\kappa|$ 看作 LSV 参数 k_2 的大小）[194]，那么费米子就会衰变辐射 W 玻色子而损失能量。显然，对应于 UHECR 中观测到的能量高达 57 EeV 的极高能粒子（姑且认为是质子），可对 W 玻色子的 CPT 破缺参数给出约束 $|\kappa|<10^{-7}$ GeV[194-195]。

8.1.3　引力

如果在平直时空可以构建自洽的 Lorentz 对称性破缺的有效场论，自然的想法是推广到定域的 Lorentz 对称性破缺（LLSV）。然而破缺定域的 Lorentz 对称性并非易事，在 Einstein 广义相对论的基础上直接引入定域 LSV 可能得到的不是自洽的场论。可以证明，因为 Bianchi 恒等式 $\nabla_{\sigma}R^{\rho}{}_{\kappa\mu\nu}+\nabla_{\mu}R^{\rho}{}_{\kappa\nu\sigma}+\nabla_{\nu}R^{\rho}{}_{\kappa\sigma\mu}=0$，由此经过一些简单的代数计算可得 $\nabla^{\mu}\left[R_{\mu\nu}-\frac{1}{2}g_{\mu\nu}R\right]=\nabla^{\mu}G_{\mu\nu}=0$。然而由 Einstein 场方程 $G^{\mu\nu}+\Lambda g^{\mu\nu}=8\pi G_N T_e^{\mu\nu}$ 及 Bianchi 恒等式 $\nabla^{\mu}G_{\mu\nu}=0$ 的几何约束，马上可得 $\nabla_{\mu}T_e^{\mu\nu}=0$ 的要求。$\nabla_{\mu}T_e^{\mu\nu}=0$ 恰好是能动量张量协变守恒条件，这在定域 LI 的广义相对论中是毫无疑义的。然而如果引入 LSV 背景场并假定是无挠时空，那么一般而言会有[87]

$$\nabla_{\mu}T_e^{\mu\nu} = J^{x}\,\nabla^{\nu}k_{x} \tag{8.11}$$

式中，k_x 标记一般意义的 LSV 耦合参数。一般而言，LSV 的耦合并不满足 $\nabla^{\nu}k_x=0$ 的要求，除非 LSV 是自发破缺的。换言之，正如电弱对称性破缺中对称性仍然存在，只是隐藏起来了，这时候 $k_x=\langle k_x\rangle$ 仍然是方程的解，故而由方程的解满足作用量极小的要求可以得到式(8.11)右边等于零，从而与 Bianchi 恒等式给出的限制相容。然而手放的明显破缺 Lorentz 对称性的参数 k_x 一般不满足该要求，因而也不满足相容性条件。当然，我们只是将文献[87]中的方程简化以方便描述，对有挠率的 Riemann-Cartan 几何除了“物质告诉时空如何弯曲”的场方程 $G^{\mu\nu}+\Lambda g^{\mu\nu}=8\pi G_N T_e^{\mu\nu}$ 外，还存在“自旋密度告诉时空如何挠曲”的方程 $\hat{T}^{\lambda\mu\nu}=8\pi G_N S^{\lambda\mu\nu}$，其中 $S^{\lambda\mu\nu}$ 为自旋联络 ω_{μ}^{ab} 相关的自旋密度，而 $\hat{T}^{\lambda\mu\nu}$ 为存在迹修正的挠率。对应于式(8.11)的有挠几何相容性方程更加复杂[87]，但结论是一致的。

当然,存在 LLSV 时会引出非常多有意思的理论和观测问题,比如:

(1) 弯曲时空的 LLSV 可能存在引力屏蔽效应而不易为大多数实验观测到[116]。这也意味着引力-物质耦合中的诸多 LSV 耦合常数可以逃避已有的实验检测,从而需要更加细致的实验检验及理论分析[111]。

(2) 对应粒子的测地运动满足的不再是 Riemann 几何的测地线,而可能决定于 Finsler 几何:决定测地运动的度规不仅依赖于底流形上的点,还依赖于流形每一点上切空间的切矢量。

(3) 引入 LLSV 也引入了更多的自旋-引力耦合算符[113],带来了更为丰富的等效原理破缺的现象学效应。比如等效原理的破缺不仅意味着不同组分的探测质量其引力加速度略有不同外,同一组分的探测质量在不同的时间、位置其引力加速度也可不同[111-112]。

实际上,如果讨论量纲更高的引力或引力-物质耦合的 LSV 算符,尤其是那些相互作用算符,不仅仅是结合实验分析的理论探讨尚有诸多空白及未知,即使是限制在对简单计数可重整的 LSV 参数的实验约束也仍然具有非常大的空间[196]。

8.2 本章小结

限于作者科研能力、时间及篇幅,对于该领域很多只能作走马观花地介绍,而对于更为有趣的(也许读者也更感兴趣)实验,特别是检验 Lorentz 对称性破缺(LSV)的地面实验的介绍及讨论更是付之阙如。例如:

(1) 原子对钟实验。LSV 引起的原子中电子能级间跃迁频率将随原子核自旋取向发生变化,且由于该取向随地球自转周期变化,跃迁频率会以恒星日为周期作倍频调制;故而可以通过原子对钟实验检验该方向依赖现象。

(2) Penning 阱。因为 Penning 阱可将带电粒子(通常是某种离子)囚禁非常长的时间。所以通过精确测量囚禁粒子在 Penning 阱中的回旋频率及离子自旋在磁场中进动的 Larmor 进动频率因 LSV 的电磁耦合产生的随方向的依赖及随恒星日的调制可以非常准确地限制相关 LSV 参数[197]。

(3) 超冷中子的引力束缚态。利用对引力势阱中中子不同束缚态间能级跃迁的精密测量可以约束相关的中子-引力耦合的 LSV 参数。如果是极化中子,原则上可对中子的自旋引力耦合的 LSV 效应给出很高精度的约束[113]。

(4) 真空 Cherenkov 辐射、同步辐射和光子衰变。LSV 影响了光子和带电轻子的运动学项,这意味着一些因受 Lorentz 对称性保护而被禁戒的效应,如 $e^- \to$

$e^- + \gamma$ 和 $\gamma \to e^+ + e^-$ 在 LSV 参数的某些参数空间成为可能。那么利用 LEP 对撞机中已观测到的电子的最大能量及未能显著观测到以上诸效应可以对 LSV 参数给出约束。当然，这也适用于天文观测，如 UHECR 对应的极高能光子或轻子。

地面的 LSV 实验检验很多涉及精密测量领域，这方面的讨论涉及诸多实验细节，当然也涉及实验物理学家的精巧构思①。故而检验 Lorentz 对称性的精密实验本身即是一个十分有趣且覆盖知识极为庞杂的领域。有些实验甚至原初目标并非为 LSV 检验然而通过恰当的分析亦可抽取出对 LSV 参数的甚强约束，如引力波探测的 LIGO 干涉仪[198]。

当然，即使在纯粹理论方面，LSV 带来的可深入研究的领域也十分丰富，比如允许 LSV 下相对论场论的孤立子解[101]；LSV 的真空效应，如 Casimir 力、Unruh 效应等。可以说该领域虽然真正兴起也就仅 20 年左右(21 世纪头 20 年)，然而无论是理论还是实验依然有诸多空白待人们去书写、去探索。

亲爱的读者，自然之美也许比纯粹完美的对称之美更为微妙。如果本书能够让您不觉得寻找 Lorentz 对称性和 CPT 对称性破缺信号是一个“毫无科学意义”(completely nonsense)的努力(换言之并非伪科学或者生产论文的课题而已)，作者就已深感欣慰，倘若有幸让您在掩卷之余有所沉思，甚或对该领域产生兴趣，有志于在基础理论的硬木板上钻下去，尝试诘难伟大的 Einstein 提出的相对论的基础——Lorentz 对称性，作者则感到幸甚至哉！

---

① 因为实际测量的物理效应会受到诸如地面震动、潮汐力、频率失谐、准直偏差、甚至散粒噪声等的影响，需要足够充分的考虑及巧妙的设计或数据处理，如共摸抑制、匹配滤波等方式以得到较为理想的对 LSV 效应而非其他寄生效应的限制。

参 考 文 献

[1] Collaboration T C. Observation of a new boson at a mass of 125 GeV with the CMS experiment at the LHC[J]. Physics Letters B, 2012, 716(1):30-61.

[2] Collaboration T A. Observation of a new particle in the search for the Standard Model Higgs boson with the ATLAS detector at the LHC[J]. Physics Letters B, 2012, 716 (1):1-29.

[3] Ryutov D D. Using plasma physics to weigh the photon[J]. Plasma Physics and Controlled Fusion, 2007, 49(12B):B429.

[4] Abbott B P. Observation of gravitational waves from a binary black hole merger[J]. Physical Review Letters, 2016, 116:061102.

[5] Grossardt A, Bateman J, Ulbricht H, et al. Optomechanical test of the Schrödinger-Newton equation[J]. Physical Review D, 2016, 93:096003.

[6] Fein Y Y, Geyer P, Zwick P, et al. Quantum superposition of molecules beyond 25 kDa[J]. Nature Physics, 2019, 15(12):1242-1245.

[7] Aoyama T, Kinoshita T, Nio M. Theory of the Anomalous Magnetic Moment of the Electron[J]. Atoms, 2019, 7(1):28.

[8] Riess A G, Macri L M, Hoffmann S L, et al. A 2.4% determination of the local value of the Hubble constant[J]. The Astrophysical Journal, 2016, 826(1):56.

[9] Jackson J D. Classical Electrodynamics[M]. New York: John Wiley and Sons, 1975.

[10] Weinberg S. Gravitation and cosmology: principles and applications of the general theory of relativity[M]. New York: John Wiley and Sons, 1972.

[11] Eisele C, Nevsky A Y, Schiller S. Laboratory test of the isotropy of light propagation at the 10^{-17} level[J]. Physical Review Letters, 2009, 103(9):090401.

[12] Herrmann S, Senger A, Möhle K, et al. Rotating optical cavity experiment testing Lorentz invariance at the 10^{-17} level[J]. Physical Review D, 2009, 80:105011.

[13] Michelson A A. The relative motion of the Earth and of the luminiferous ether[J]. A-

merican Journal of Science, 1881, 22, 128.

[14] Fulling S A. Nonuniqueness of canonical field quantization in Riemannian spacetime [J]. Physical Review D,1973,7:2850-2862.

[15] Unruh W G. Notes on black hole evaporation[J]. Physical review D, 1976, 14 (4):870.

[16] 俞允强.电动力学简明教程[M].北京:北京大学出版社,1999.

[17] Ignatovski V. Einige allgemeine bemerkungen zum relativit ätsprinzip[J]. Verh. Deutsch. Phys. Ges.,1910,12:788.

[18] Liberati S. Tests of Lorentz invariance: A 2013 update[J]. Classical and Quantum Gravity, 2013, 30(13):133001.

[19] Visser M, C Barceló, Liberati S. Analogue models of and for gravity[J]. General Relativity and Gravitation, 2002, 34(10):1719-1734.

[20] Lévy-Leblond J M. One more derivation of the Lorentz transformation[J]. American Journal of Physics, 1976, 44(3):271-277.

[21] Bluhm R ,Kostelecký A . Spontaneous Lorentz violation, Nambu-Goldstone modes, and gravity[J]. Phys. rev. d, 2005, 19(5):869-888.

[22] Einstein A. On the electrodynamics of moving bodies[J]. Annalen der Physik, 1905, 17:891-921.

[23] Langevin P. The evolution of space and time[J]. Scientia,1911, 10:31-54.

[24] Laue M V. Two objections against the theory of relativity and their refutation[J]. Physikalische Zeitschrift,1911,13:118-120.

[25] 陈斌.广义相对论[M].北京:北京大学出版社,2018.

[26] Dewan E, Beran M. Note on stress effects due to relativistic contraction[J]. American Journal of Physics, 1959, 27(7):517-518.

[27] Bell J S. How to teach special relativity[J]. Progress in Scientific Culture,1976,1.

[28] Bell J S. Speakable and unspeakable in quantum mechanics[M]. Cambridge: Cambridge University Press, 2004.

[29] Born M. Die Theorie des starren Elektrons in der kinematik des relativitatsprinzips[J]. Annalen der Physik Lpz,1909, 335:1.

[30] Franklin J. Lorentz contraction, Bell's spaceships and rigid body motion in special relativity[J]. European Journal of Physics, 2010, 31:291.

[31] Thomas L H. The motion of a spinning electron[J]. Nature,1926,117:514.

[32] Wigner E. On unitary representations of the inhomogeneous Lorentz group[J]. Annals of Mathematics, 1939, 40(1):149-204.

[33] O'Donnell K, Visser M. Elementary analysis of the special relativistic combination of velocities, Wigner rotation and Thomas precession[J]. European Journal of Physics,

2011, 32:1033.

[34] 杨福家.原子物理学[M]. 北京:高等教育出版社, 2008.

[35] Weinberg S. The quantum theory of fields, Vol I. foundations[M]. Cambridge: Cambridge University Press, 1995.

[36] 陈维桓.微分几何初步[M]. 北京:北京大学出版社,1990.

[37] Sagnac G. L'éther lumineux démontré par l'effet du vent relatif d'éther dans un interféromètre en rotation uniforme[J]. CR Acad. Sci.,1913, 157(125):708-710.

[38] Selleri F. Sagnac effect: end of the mystery[J]. Springer Netherlands, 2004. DOI:10.1007/978-94-017-0528-8_6.

[39] Stedman G E. Ring-laser tests of fundamental physics and geophysics[J]. Reports on progress in physics,1997, 60(6):615.

[40] Cecilia C, Davide C, Giovanni A C, et al. A high sensitivity fiber optic gyroscope on multiplexed telecommunication network[C].//International Quantum Electronics Conference. Optical Society of America, 2013.

[41] Sakurai, J J. Comments on quantum-mechanical interference due to the Earth's rotation[J]. Physical Review D, 1980, 21(10):2993-2994.

[42] Ruggiero M L. Sagnac effect, ring Lasers and terrestrial tests of gravity[J]. Galaxies, 2015, 3(2):84-102.

[43] Anandan J. Sagnac effect in relativistic and nonrelativistic physics[J]. Physical review D: Particles and fields, 1981, 24(2):338-346.

[44] Ashby N. Relativity and the global positioning system[J]. Physics Today, 2002, 55(5):41-41.

[45] Ashby N. Relativity in the global positioning system[J]. Living Reviews in Relativity, 2003, 6(1):1.

[46] Ballentine L E. Quantum mechanics, a mordern development[M]. Singapore: World Scientific Press, 1998.

[47] Carl D, Anderson. The positive electron[J]. Physical Review, 1933, 132(6):491-494.

[48] Lee T D, Yang C N. Question of parity conservation in weak interactions[J]. Physical Review, 1956, 104(1):254-258.

[49] Wu C S, Ambler E, Hayward R W, et al. Experimental test of parity conservation in β decay[J]. Physical Review, 1957, 105(4):1413-1415.

[50] Christenson J H, Cronin J W, Fitch V L, et al. Evidence for the 2π decay of the K_2^0 meson[J]. Physical Review Letters,1964,13(4):138-140.

[51] Alavi-Harati A, Albuquerque I F, Alexopoulos T, et al. (KTeV) Observation of direct CP violation in $K_{S,L} \to \pi\pi$ decays[J]. Physical Review Letters,1999, 83(1):22-27.

[52] Aubert B, Boutigny D, Bonis I D, et al. (BaBar) Measurement of CP violating asym-

metries in B^0 decays to CP eigenstates[J]. Physical Review Letters, 2001, 86(12): 2515-2522.

[53] Aubert B, Boutigny D, Gaillard J M, et al. (BaBar) Observation of CP violation in the β(0) meson system[J]. Physical Review Letters, 2001, 87(9):091801.

[54] Schwinger J. The theory of quantized fields. I[J]. Physical Review, 1951, 82(6):914-927.

[55] Lüders G. On the equivalence of invariance under time reversal and under particle-antiparticle conjugation for relativistic field theories[J]. Dan. Mat. Fys. Med., 1954, 28N5(5):1-17.

[56] Rosenfeld L, Pauli W, Weisskopf V. Niels Bohr and the development of physics[M]. Oxford:Pergamon Press, 1962.

[57] Bell J S. Time reversal in field theory[J]. Proceedings of the Royal Society of London, series A: Mathematical and Physical Sciences, 1955, 231(1187):479-495.

[58] Greenberg O W. CPT violation implies violation of Lorentz invariance[J]. Physical Review Letters, 2002, 89(23):231602.

[59] Chaichian M, Dolgov A D, Novikov V A, et al. CPT violation does not lead to violation of Lorentz Invariance and vice versa[J]. Physics Letters B, 2011, 699(3): 177-180.

[60] Dirac P A M. Is there an ether?[J]. Nature,1951, 168(4291):906-907.

[61] Bjorken J D. A Dynamical origin for the electromagnetic field[J]. Annals of Physics, 1963, 24:174-187.

[62] Chkareuli J L,Froggatt C D, Nielsen H B. Lorentz invariance and origin of symmetries [J]. Physical Review Letters, 2001, 87(9):091601.

[63] Chkareuli J L,Froggatt C D, Nielsen H B. Deriving gauge symmetry and spontaneous Lorentz violation[J].Nuclear Physics, 2006, 821(1):65-73.

[64] Kostelecký V A, Samuel S. Spontaneous breaking of Lorentz symmetry in string theory [J]. Physical Review D, 1989, 39:683.

[65] Kostelecký V A, Samuel S. Gravitational phenomenology in higher-dimensional theories and strings[J].Physical Review D, 1989, 40:1886-1903.

[66] Weinberg S. The quantum theory of fields, Vol Ⅱ: modern applications[M]. Cambridge: Cambridge University Press, 1995.

[67] Weinberg S. Baryon and Lepton nonconserving processes[J]. Physical Review Letters, 1979, 43(21):1566-1570.

[68] Gambini R, Pullin J. Nonstandard optics from quantum spacetime[J]. Physical Review D, 1999, 59(12):124021-124021.

[69] Carroll S M, Harvey J A, Kostelecký V A,et al. Noncommutative field theory and

Lorentz violation[J]. Physical review letters, 2001, 87: 141601.

[70] Melić B, Passek-Kumerički K, Trampetic J, et al. The standard model on non-commutative space-time: electroweak currents and Higgs sector[J]. European Physical Journal C, 2005, 42(4): 483-497.

[71] Horava P. Quantum gravity at a lifshitz point[J]. Physical Review D, 2012, 79: 084008.

[72] Sotiriou T P, Visser M, Weinfurtner S. Quantum gravity without Lorentz invariance [J]. Journal of High Energy Physics, 2009, 2009(10): 33.

[73] Will C M. The confrontation between general relativity and experiment[J]. Living Reviews in Relativity, 2001, 4: 4.

[74] Poisson E, Will C M. Gravity, Newtonian, Post Newtonian, Relativistic[M]. Cambridge: Cambridge University Press, 2014.

[75] Pavlopoulos T G. Breakdown of Lorentz invariance[J]. Physical Review, 1967, 159: 1106.

[76] Hossenfelder S. Interpretation of quantum field theories with a minimal length scale [J]. Physical Review D, 2006, 73(10): 381-385.

[77] Bacry H. Possible kinematics[J]. Journal of Mathematical Physics, 1968, 9(10): 1605-1614.

[78] Guo H Y, Huang C G, Xu Z, et al. On special relativity with cosmological constant [J]. Physics Letters A, 2004, 331: 1-7.

[79] Guo H Y, Huang C G, Wu H T, et al. The principle of relativity, kinematics and algebraic relations[J]. Science China (Physics, Mechanics & Astronomy), 2010, 53: 591-597.

[80] Cohen A G, Glashow S L. Very special relativity[J]. Physical review letters, 2006, 97 (2): 021601.

[81] Anselmi D, Halat M. Renormalization of Lorentz violating theories[J]. Physical Review D, 2007, 76(12): 125011.

[82] Anselmi D. Weighted power counting, neutrino masses and Lorentz violating extensions of the standard model[J]. Physical Review D Particles Fields, 2009, 79(2): 025017.

[83] Horava P. Spectral dimension of the universe in quantum gravity at a lifshitz point[J]. Physical Review Letters, 2009, 102(16): 161301.

[84] Coleman S, Glashow S L. High-energy tests of Lorentz invariance[J]. Physical Review D, 1999, 59(11): 116008.

[85] Colladay D, Kostelecký V A. Lorentz-violating extension of the standard model[J]. Physical Review D, 1998, 58: 116002.

[86] Colladay D, Kostelecký V A. CPT violation and the standard model[J]. Physical Review D, 1997, 55:6760.

[87] Kostelecký V A. Gravity, Lorentz violation, and the standard model[J]. Physical Review D, 2004, 69:105009.

[88] Kostelecký V A, Mewes M. Electrodynamics with Lorentz-violating operators of arbitrary dimension[J]. Physical Review D, 2009, 80(1):015020.

[89] Kostelecký V A, Mewes M. Neutrinos with Lorentz-violating operators of arbitrary dimension[J]. Physical Review D, 2012, 85:096005.

[90] Kostelecký V A, Mewes M. Fermions with Lorentz-violating operators of arbitrary dimension[J]. Physical Review D, 2013, 88(9):096006.

[91] Bolokhov P A, Nibbelink S G, Pospelov M. Lorentz violating supersymmetric quantum electrodynamics[J]. Physical Review D, 2005, 72(72):359-366.

[92] Tanabashi M, Grp P D, Hagiwara K, et al. (Particle data group) Review of particle physics[J]. Physical Review D, 2018, 98(3):030001.

[93] Tasson J D. The Standard-Model Extension and gravitational tests[J]. Symmetry, 2016, 8(11):111.

[94] Kostelecký V A, Mewes M. Lorentz and CPT violation in the neutrino sector[J]. Physical Review D, 2004, 70(3):031902.

[95] Katori T, Kostelecký V A, Tayloe R. Global three-parameter model for neutrino oscillations using Lorentz violation[J]. Physical Review D, 2006, 74:105009.

[96] Kostelecký V A, Mewes M. Lorentz and CPT violation in neutrinos[J]. Physical Review D, 2003, 69(1):404-409.

[97] Xiao Z, Ma B Q. Lorentz violation dispersion relation and its application[J]. International Journal of Modern Physics A, 2009, 24(7):1359-1381.

[98] Nunokawaa H, Parkeb S, Vallec J W F. CP violation and neutrino oscillationsl[J]. Progress in Particle and Nuclear Physics, 2008, 60:338.

[99] Aoyama T, Asmussen N, Benayoun M, et al. The anomalous magnetic moments of the muon in Standard Model[J]. Phys. Rept., 2020, 887:1-166.

[100] Dutra A, Correa R. Traveling solitons in Lorentz and CPT breaking systems[J]. Physical Review D, 2011, 83(10):105007.

[101] Yan H B, Zhong Y, Liu Y X, et al. Kink-antikink collision in a Lorentz- violating ϕ^4 model[J]. Physics Letters B, 2020, 807:135542.

[102] Kostelecký V A, Mewes M. Lorentz-violating electrodynamics and the cosmic microwave background[J]. Physical Review Letters, 2007, 99(1):11601-11601.

[103] Contreras D, Boubel P, Scott D. Constraints on direction-dependent cosmic birefringence from Planck polarization data[J]. Journal of Cosmology & Astroparticle Phys-

ics, 2017,12:046.

[104] Pogosian L, Shimon M, Mewes M, et al. Future CMB constraints on cosmic birefringence and implications for fundamental physics[J]. Physical Review D, 2019, 100 (2):023507.

[105] Peréz-Victoria M. Exact calculation of the radiativelyinduced Lorentz and CPT violation in QED[J]. Physical Review Letters, 1999, 83(13):2518-2521.

[106] Jackiw R, Kostelecký V A. Radiatively induced Lorentz and CPT violation in electrodynamics[J]. Physical Review Letters, 1999, 82(18):3572-3575.

[107] Chung J M. Radiatively-induced Lorentz and CPT violating chern-Simons term in QED[J]. Physics Letters B, 1999, 461(1/2):138-141.

[108] Chen W F. Understanding radiatively induced Lorentz-CPT violation in differential regularization[J]. Physical Review D, 1999, 60(8):603-609.

[109] Kostelecký V A, Li Z. Gauge field theories with Lorentz-violating operators of arbitrary dimension[J]. Physical Review D, 2019,99(5):056016.

[110] Kostelecký V A. Riemann-Finsler geometry and Lorentz-violating kinematics[J]. Physics Letters B, 2011, 701:137-143.

[111] Kostelecký V A, Tasson J D. Matter-gravity couplings and Lorentz violation[J]. Physical Review D,2011, 83:016013.

[112] Xiao Z. Lorentz-violating scalar Hamiltonian and the equivalence principle in a static metric[J]. Physical Review D,2018, 98(3):035018.

[113] Xiao Z, Shao L. The CPT-violating effects on neutrons' gravitational bound state [J]. Journal of Physics G: Nuclear and Particle Physics, 2020, 47(8):085002.

[114] Kostelecký V A, Mewes M. Testing local Lorentz invariance with short-range gravity [J]. Physics Letters B,2017,766:137-143.

[115] Kostelecký V A, Mewes M. Lorentz and diffeomorphism violations in linearized gravity[J]. Physics Letters B, 2018, 779:136-142.

[116] Kostelecký V A, Tasson J D. Prospects for large relativity violations in matter-gravity couplings[J]. Physical Review Letters, 2009, 102(1):010402.

[117] Ryder L H. Quantum field theory[M]. Cambridge: Cambridge University Press, 1996: 242-246.

[118] Rajaraman R. Solitons and instantons: an introduction to solitons and instantons in QFT[M]. Amsterdam, NewYork, Oxford: North-Holland, 1982.

[119] Casana R, Ferreira M M, Gomes A R, et al. Gauge propagator and physical consistency of the CPT-even part of the standard model extension[J]. Physical Review D, 2010, 80(12):125040.

[120] Dunne G V. Aspects of Chern-Simons Theory[J]. Physics, 1999, 69:177-263.

［121］ Xiao Z, Ma B Q. Constraints on Lorentz invariance violation from gamma-ray burst GRB090510[J]. Physical Review D, 2009, 80(11):116005.

［122］ Myers R C, Pospelov M. Ultraviolet modifications of dispersion relations in effective field theory[J]. Physical Review Letters, 2003, 90(21):211601.

［123］ Chen B, Huang Q G. Field theory at a lifshitz point[J]. Physics Letters B, 2010, 683(2-3):108-113.

［124］ Hoava P. Quantum criticality and Yang-Mills gauge theory[J]. Physics Letters B, 2008, 694(2):172-176.

［125］ Xiao Z, Shao L, Ma B Q. Eikonal equation of the Lorentz-violating Maxwell theory[J]. European Physical Journal C, 2010, 70(4):1153-1164.

［126］ Carroll S M, Field G B, Jackiw R. Limits on a Lorentz- and parity-violating modification of electrodynamics[J]. Physical review D: Particles and fields, 1990, 41(4): 1231-1240.

［127］ Kostelecký V A, Mewes M. Lorentz-violating electrodynamics and the cosmic microwave background[J]. Physical Review Letters, 2007, 99(1):11601-11601.

［128］ Cabella P, Natoli P, Silk J. Constraints on CPT violation from WMAP three year polarization data: a wavelet analysis[J]. Physical Review D Particles&Fields, 2007, 76(12):403-403.

［129］ Kostelecký V A, Mewes M. Cosmological constraints on Lorentz violation in electrodynamics[J]. Physical Review Letters, 2001, 87(25):251304.

［130］ Mitrofanov, I G. Astrophysics (communication arising): A constraint on canonical quantum gravity? [J]. Nature, 2003, 426(6963):139-139.

［131］ Schreck M. (Gravitational) Vacuum cherenkov radiation[J]. Symmetry, 2018, 10(10):424.

［132］ Brillouin L. Wave propagation and group velocity[M]. New York and London: Academic Press, 1960.

［133］ Adam C, Klinkhamer F R. Causality and radiatively induced CPT violation[J]. Physics Letters B, 2001, 513(1):245-250.

［134］ Adam C, Klinkhamer F R. Causality and CPT violation from an Abelian Chern-Simons-like term[J]. Nuclear Physics B, 2001, 607(1/2):247-267.

［135］ Kostelecký A V, Lehnert R. Stability, causality, and Lorentz and CPT violation[J]. Physical Review D, 2001, 63(6):427-447.

［136］ Anselmi D. Weighted scale invariant quantum field theories[J]. Journal of High Energy Physics, 2008, 2008(2):D51.

［137］ Amenomori M, Bao Y W, Bi X J, et al. First detection of photons with energy beyond 100 TeV from an astrophysical source[J]. Physical Review Letter, 2019, 123

(5):051101.

[138] Cao Z, Aharonian F A, An Q, et al. Ultrahigh-energy photons up to 1.4 petaelectronvolts from 12 γ-ray Galactic sources[J]. Nature, 2021, 594(7861):33.

[139] Swordy S P. The Energy Spectra and Anisotropies of Cosmic Rays[J]. Space. Sci. Rev. , 2001, 99:85.

[140] Anchordoqui L, Paul T C, Reucroft S, et al. Ultra high-energy cosmic rays: The State of the art before the Auger Observatory[J]. Int J Mod Phys A, 2003, 18:2229-2366.

[141] Letessier-Selvon A, Stanev T. Ultrahigh energy cosmic rays[C]// American Institute of Physics. American Institute of Physics, 2011.

[142] Chakraborti S, Ray A, Soderberg A, et al. Ultra high energy cosmic Ray acceleration in engine-driven relativistic supernovae [J]. Nature Communications, 2011, 2:175.

[143] Greisen K. End to the cosmic-ray spectrum? [J]. Physical Review Letters, 1966, 16:748.

[144] Zatsepin G T, Kuz'min V A. Upper limit of the spectrum of cosmic rays[J]. ZhETF Pisma Redaktsiiu, 1966, 4:114.

[145] Ackermann M, Asano K, Atwood W B, et al. Fermi observations of GRB 090510: A short hard Gamma-Ray burst with an additional, hard power-law component from 10 keV to GeV Energies[J]. The Astrophysical Journal, 2010, 716(2):1178-1190.

[146] Abraham J, Abreu P, Aglietta M, et al. Measurement of the depth of maximum of extensive air showers above 10^{18} eV [J]. Physical Review Letters, 2010, 104 (9):091101.

[147] Fedorova Y. HiRes Stereo Cosmic Rays Composition Measurements[C]. ICRC 2007 Proceedings - Pre-Conference Edition, 2007.

[148] Saveliev A, Maccione L, Sigl G. Lorentz invariance violation and chemical composition of ultra high energy cosmic rays[J]. Journal of Cosmology and Astroparticle Physics, 2011, 1103:046.

[149] Maccione L, Liberati S, Sigl G. Ultra high energy photons as probes of Lorentz symmetry violations in stringy space-time foam models[J]. Physical Review Letters, 2010, 105(2):021101.

[150] Vasileiou V, Jacholkowska A, Piron F, et al. Constraints on Lorentz invariance violation from Fermi-large area telescope observations of Gamma-Ray bursts[J]. Physical Review D, 2013, 87(12):2226-2237.

[151] Stecker F W. Testing Lorentz symmetry using high energy astrophysics observations [J]. Symmetry, 2017, 9(10):201.

[152] Bietenholz W. Cosmic rays and the search for a Lorentz invariance violation[J].

Physics Reports, 2011, 505(5):145-185.

[153] Jacobson T, Liberati S, Mattingly D. Threshold effects and Planck scale Lorentz violation: Combined constraints from high energy astrophysics[J]. Physical Review D, 2003, 67:124011.

[154] Abbasi R U, Abu-Zayyad T, Allen M, et al. First observation of the Greisen-Zatsepin-Kuzmin suppression[J]. Physical Review Letters, 2008, 100(10):101101.

[155] Altschul B. Synchrotron and inverse compton constraints on Lorentz violations for electrons[J]. Physical Review D, 2006, 74(8):83003.

[156] Altschul B. Limits on Lorentz violation from synchrotron and inverse compton sources[J]. Physical Review Letters,2006, 96(20):201101.

[157] Atkins R, Benbow W, McEnery E J, et al. Evidence for TeV emission from GRB 970417a[J]. The Astrophysical Journal,2000, 533:L119.

[158] Collaboration T, Collaboration T V. (LIGO Scientific, Virgo)GW170817: Observation of gravitational waves from a binary neutron star inspiral[J]. Physical Review Letters,2017,119(16):161101.

[159] Abbott B P, Abbott R, Abbott T D, et al. (LIGO Scientific, Virgo, Fermi-GBM, INTEGRAL)Gravitational waves and Gamma-rays from a binary neutron star merger: GW170817 and GRB 170817A[J]. Astrophys J Lett,2017, 848(2):L13.

[160] Wu Y Y,MacFadyen A. GW170817 afterglow reveals that short gamma-ray bursts are neutron star mergers[J]. Astrophys J Lett,2019, 880(2):L23.

[161] Matsumoto T, Naka R E, Piran T. Constraints on the emitting region of the gamma-rays observed in GW170817[J]. Monthly Notices of the Royal Astronomical Society, 2019, 483(1):1247-1255.

[162] Band D L, Matteson J, Ford L, et al. BATSE observations of gamma-ray burst spectra. I-Spectral diversity[J]. The Astrophysical Journal, 1993, 413(1):281.

[163] Piran T. The physics of gamma-ray bursts[J]. Reviews of Modern Physics, 2004, 76(4):1143-1210.

[164] Collaboration L. Testing Einstein's special relativity with Fermi's short hard γ-ray burst GRB090510[J]. Nature, 2009, 462(23):331-334.

[165] Weinberg S. Cosmology[M]. Oxford:Oxford University Press,2008.

[166] Padmanabhan T. Cosmology and astrophysics through problems[M]. Cambridge: Cambridge University Press,1996.

[167] Jarosik N, Bennett C L, Dunkley J, et al. Seven-year wilkinson microwave anisotropy probe (WMAP) observations: sky maps, systematic errors, and basic results[J]. The Astrophysical Journal Supplement Series, 2010, 192(2):14.

[168] Jacobson T,Liberati S, Mattingly D,et al. New limits on Planck scale Lorentz viola-

tion in QED[J]. Physical Review Letters, 2003, 93(2):021101.

[169] Galaverni M, Sigl G. Lorentz violation for photons and ultrahigh-energy cosmic rays [J]. Physical Review Letters, 2008, 100(2):021102.

[170] Ellis J R, Mavromatos N E, Nanopoulos D V, et al. Space-time foam may violate the principle of equivalence[J]. International Journal of Modern Physics A, 2004, 19(26): 4413-4430.

[171] Kostelecký V A, Mewes M. Astrophysical tests of Lorentz and CPT violation with photons[J]. The Astrophysical Journal letters, 2008, 689(1):L1-L4.

[172] Kostelecký V A, Mewes M. Signals for Lorentz violation in electrodynamics[J]. Physical review D: Particles and fields, 2002, 66(5):817-822.

[173] Goldhaber A S, Nieto M M. Photon and graviton mass limits[J]. Reviews of Modern Physics, 2010, 82(1):939-979.

[174] Kahniashvili T, Gogoberidze G, Ratral B. Gamma ray burst constraints on ultraviolet Lorentz invariance violation[J]. Physical review D, 2006, 643(2):81-85.

[175] Martínez M R, Piran T, Oren Y. GRB 051221A and tests of Lorentz symmetry[J]. Journal of Cosmology and Astroparticle Physics, 2006, 17:0605.

[176] Group P D, Eidelman S, Hayes K G, et al. Gauge & Higgs boson summary table[J]. Physics Letters B, 2000, 592(1):31-88.

[177] Luo J, Tu L C, Hu Z K, et al. New experimental limit on the photon rest mass with a rotating torsion balance[J]. Physical Review Letters, 2003, 90(8):081801.

[178] Lakes R. Experimental limits on the photon mass and cosmic magnetic vector potential[J]. Physical Review Letters, 1998, 80:1826.

[179] Kahniashvili T, Durrer R, Maravin Y. Testing Lorentz invariance violation with WMAP five year data[J]. Physical review D, 2008, 78:123009.

[180] Jacob U, Piran T. Lorentz-violation-induced arrival delays of cosmological particles [J]. Journal of Cosmology and Astroparticle Physics, 2008, 801:163-176.

[181] Vasileiou V . Constraining Lorentz Invariance Violation with Fermi[J]. Cpt & Lorentz Symmetry, 2010:138-142.

[182] Aharonian F, Akhperjanian A G, Barres de Almeida U, et al. Limits on an energy dependence of the speed of light from a flare of the active galaxy PKS 2155-304[J]. Physical Review Letters, 2008, 101:170402.

[183] Albert J, Aliu E, Anderhub H, et al. Probing quantum gravity using photons from a flare of the active galactic nucleus Markarian 501 observed by the MAGIC telescope [J]. Physics Letters B, 2008, 668:253.

[184] Lang R G, Martínez-Huerta H, Souza V D. Improved limits on Lorentz invariance violation from astrophysical gamma-ray sources[J]. Physical Review D, 2019, 99

(4):043015.

[185] Nibbelink S G, Pospelov M. Lorentz violation in supersymmetric field theories[J]. Physical Review Letters,2005, 94(8):081601.

[186] Bolokhov P A,Nibbelink S G, Pospelov M. Lorentz violating supersymmetric quantum electrodynamics[J]. Physical review D, 2005, 72:015013.

[187] Abdo A A,Ackermann M,Arimoto M, et al, The Fermi LAT and Fermi GBM collaborations. Fermi observations of high-energy gamma-ray emission from GRB 080916C [J]. Science,2009,323:1688-1693.

[188] Horava P. Quantum gravity at a lifshitz point [J]. Physical review D, 2009, 79:084008.

[189] Anselmi D. Weighted power counting and Lorentz violating gauge theories. II: Classification[J]. Annals of Physics, 2009, 324(5):1058-1077.

[190] Lehnert R. Dirac theory within the standard model extension[J]. Journal of Mathematical Physics,2004, 45(8):3399-3412.

[191] Aartsen M G, Ackermann M, Adams J, et al. Neutrino interferometry for high-precision tests of Lorentz symmetry with IceCube[J]. Nature Physics, 2018, 14(9): 961-966.

[192] Kostelecký V A, Russell N. Data tables for Lorentz and CPT violation[J]. Reviews of Modern Physics,2011, 83:11.

[193] Fu H, Lehnert R. Moller scattering and Lorentz-violating Z bosons[J]. Physics Letters B,2016, 762:33-40.

[194] Colladay D, Noordmans J P, Potting R. Cosmic-ray fermion decay by emission of on-shell W bosons with CPT violation[J]. Physical Review D, 2017, 96(3):035034.

[195] Colladay D, Noordmans J P, Potting R. CPT and Lorentz violation in the electroweak sector[J]. Journal of Physics Conference Series,2018, 952(1):012021.

[196] Kostelecký V A, Li Z H. Backgrounds in gravitational effective field theory[J]. Physical Review D, 2021,103(2):024059.

[197] Ding Y, Kostelecký V A. Lorentz-violating spinor electrodynamics and Penning traps [J]. Physical Review D, 2016, 94(5):056008.

[198] Kostelecký V A, Melissinos A C, Mewes M. Searching for photon-sector Lorentz violation using gravitational-wave detectors[J]. Physics Letters B, 2016, 761(C):1-7.

彩　　图

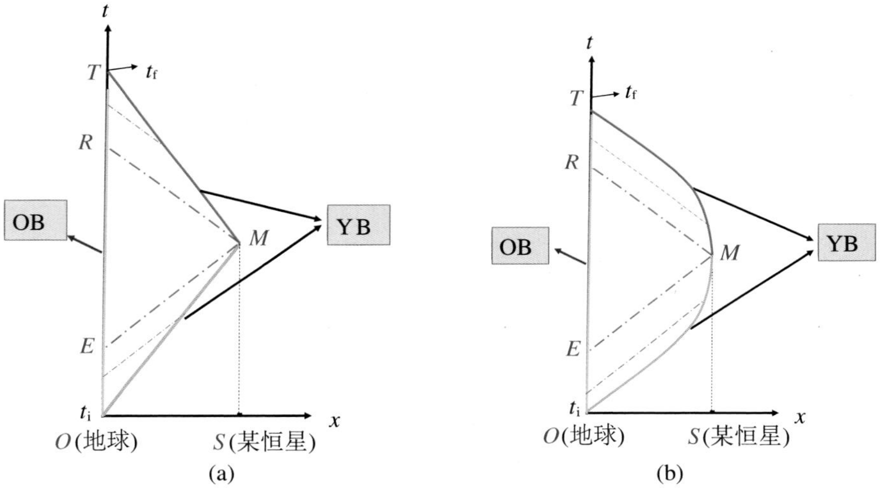

彩图 1　孪生子佯谬的时空图

注:图中纵、横轴分别代表时间、空间轴。图中已忽略地球及某恒星的非惯性运动。地球观测者 OB 的世界线沿时间轴,由亮黄色标记;而飞船上的观测者 YB 的世界线分别由土黄色和绿色标记。比邻星星体世界线(同样忽略其自转及轨道运动)沿纵轴 SM。图中红色虚线代表类光曲线,可用于 YB 和 OB 之间的同时性校准。图(a)基本忽略飞船的加速度,因而仅在 M 点存在加速度奇点。图(b)的 YB 世界线更平滑,示意更为实际的世界线。

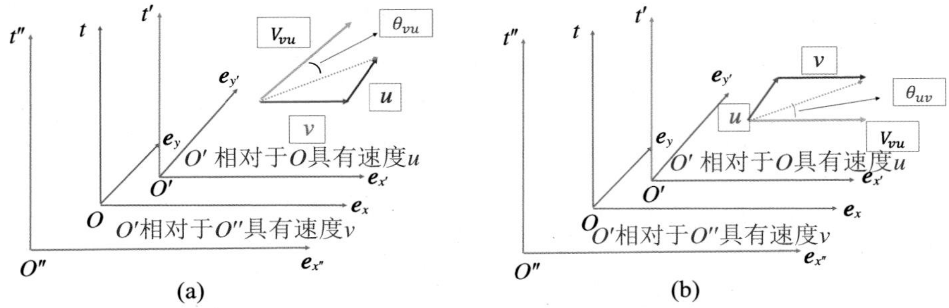

彩图 2　Wigner 转动的示意图

注:图(a)、图(b)中红色箭头表示参考系 $\Sigma[O,t,x,y,z]$相对于$\Sigma''[O'',t'',x'',y'',z'']$的速度,而蓝色箭头代表参考系 $\Sigma'[O',t',x',y',z']$相对于 $\Sigma[O,t,x,y,z]$的速度,黄色箭头则代表参考系 $\Sigma'[O',t',x',y',z']$相对于$\Sigma''[O'',t'',x'',y'',z'']$的速度,分别用 $\boldsymbol{V}_{vu}$、$\boldsymbol{V}_{uv}$ 表示,其中淡蓝色虚线箭头代表牛顿力学速度矢量合成法则给出的预期矢量,该矢量和实际合成速度矢量间的夹角即 Wigner 转动角。图(a)、图(b) 的 Wigner 转角 θ_{vu}、θ_{uv} 的方向恰好相反,两者大小相同。

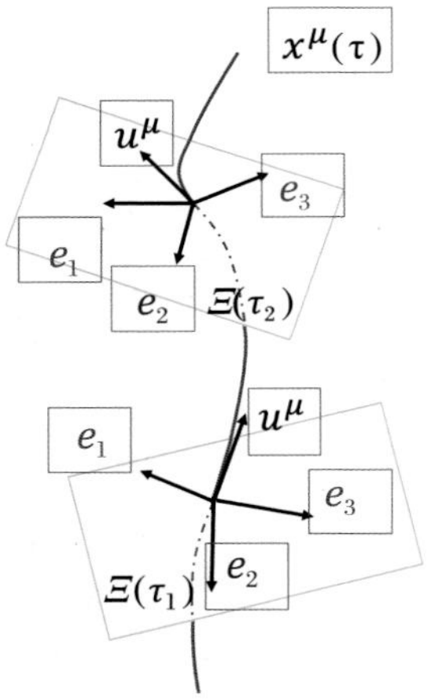

彩图 3　四标架场随粒子运动在时间线上的演化示意

注:图中 $x^{\mu}(\tau)$代表某一有质量粒子的世界线,而 $u^{\mu}=\dfrac{\mathrm{d}x^{\mu}}{\mathrm{d}\tau}$代表其 4-速度,其与粒子世界线相切,且垂直于四标架的 3 个正交空间矢量$\{e_i/i=1,2,3\}$张成的超平面[图中以黄色边界的平面 $\Xi(\tau_1)$,$\Xi(\tau_2)$标识]。

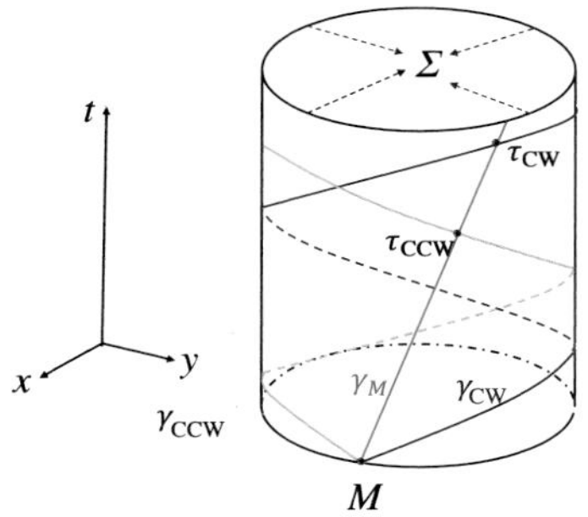

彩图 4　Sagnac 效应在环形干涉仪上的示意

注:图中干涉圆环记为 Σ,其中 M 表示光源及干涉装置的探测点。红、黄、蓝三色曲线分别代表固连于环上的探测装置 M,逆时针和顺时针绕行的光或粒子的世界线,分别记为 γ_M,γ_{CCW},γ_{CW}。纵轴表时间方向,与之垂直的代表环所在的空间超平面,图中仅示意了 t,x,y 轴。

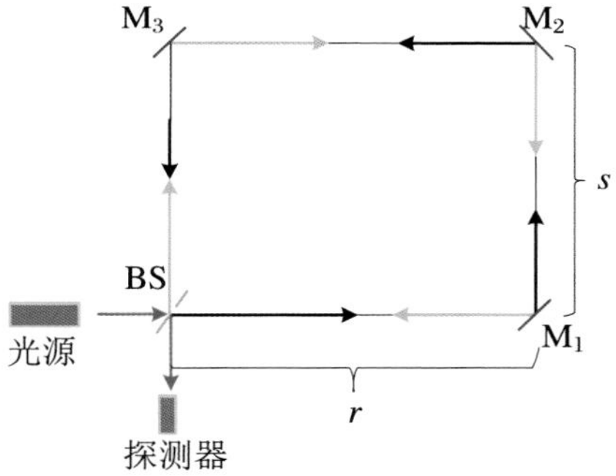

彩图 5　Sagnac 干涉仪示意图

注:图中红色箭头代表从固连于环路的源(Source)出射的激光束(或如中子、原子、声子等其他粒子束)入射到分束器 BS(黄色虚线段),尔后产生反向传播的两束波被反射镜 M_i,$i = 1,2,3$(蓝色实线段)反射后重新汇聚到同样固连于环路的探测器(detector)。为简单起见,干涉环路为矩形,长和宽分别为 r,s,图中两反向传播波束分别以黄色箭头示意。

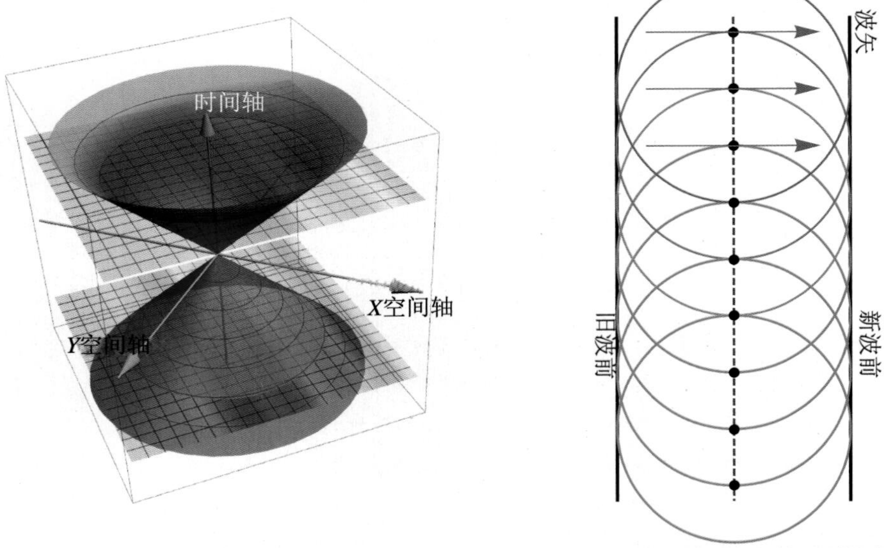

(a) 光锥面的时间切片　　(b) Huygens原理给出的平面波的波前

彩图 6　光锥面的时间切片与 Huygens 原理给出的平面波的波前

注：图(a)是光锥及其与过去未来某时刻的两个横截面——两类空曲面。因为我们压缩了空间的 z 方向以显示直观的光锥图像，故光锥的时间切片(图中表现为紫色截面圆)在三维空间中实际上是一个二维球面。图(b)展示了平面波前的传播，这相当于多个点源处于同一平面，每一点源对应一光锥，从而其等相位面按 Huygens 原理为各自传播的波前在同一时刻的包络面，所以也是平面。

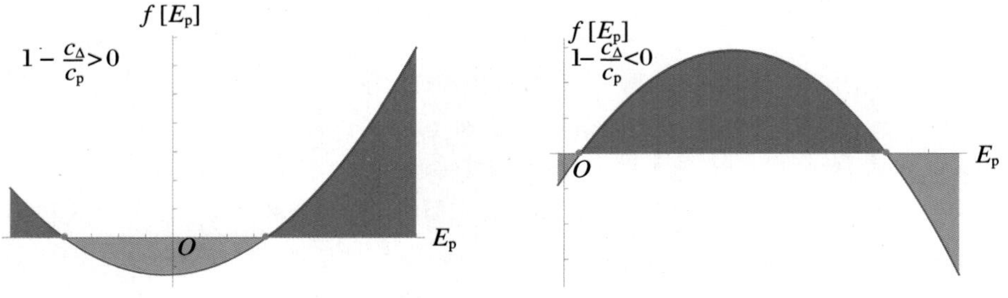

(a) $1-\frac{c_\Delta}{c_p}>0$　　(b) $1-\frac{c_\Delta}{c_p}<0$

彩图 7　光致 Δ 共振态产生的阈值反应中关于初态质子能量 E_p 的二次曲线，其中红色区域是光致 Δ(1232) 共振态产生的允许能量区域

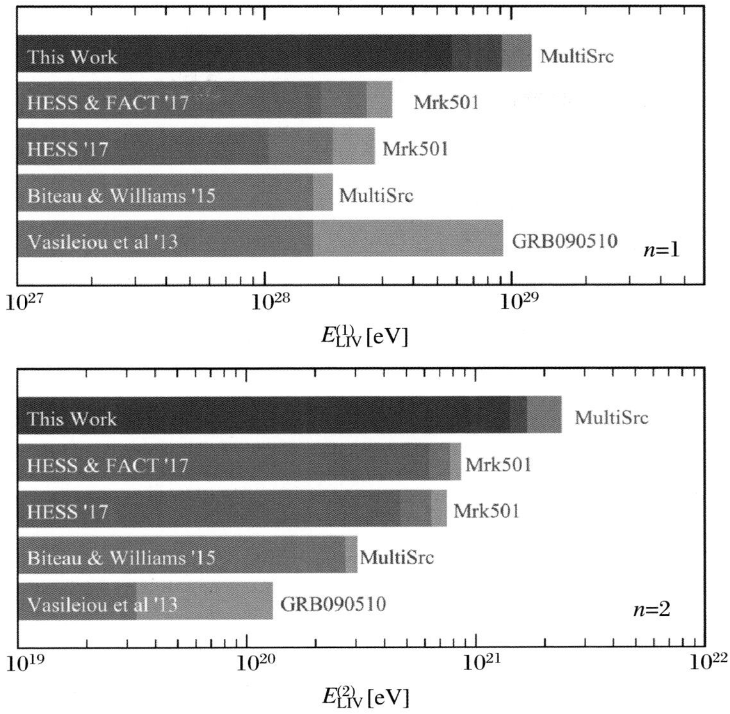

彩图 8　对线性和平方修正的 LSV 能标的各类最佳约束的比较

注:图中绿色、蓝色的深色调阴影分别对应于 2σ,3σ,5σ 的置信度[184],其中MultiSrc代表基于多 γ-射线源的分析。图中 GRB090510 是基于文献[150]。